阅读图文之美 / 优享健康生活

水生植物轻图鉴

陈煜初　付彦荣　著

江苏凤凰科学技术出版社·南京

图书在版编目（CIP）数据

水生植物轻图鉴 / 陈煜初，付彦荣著 . — 南京：
江苏凤凰科学技术出版社，2023.6
ISBN 978-7-5713-3459-8

Ⅰ . ①水… Ⅱ . ①陈… ②付… Ⅲ . ①水生植物—图
集 Ⅳ . ① Q948.8-64

中国国家版本馆 CIP 数据核字（2023）第 034278 号

水生植物轻图鉴

著　　　者	陈煜初　付彦荣
责 任 编 辑	倪　敏
责 任 校 对	仲　敏
责 任 监 制	方　晨

出 版 发 行	江苏凤凰科学技术出版社
出版社地址	南京市湖南路 1 号 A 楼，邮编：210009
出版社网址	http：//www.pspress.cn
印　　　刷	天津丰富彩艺印刷有限公司

开　　　本	718 mm×1 000 mm　1/16
印　　　张	13
插　　　页	1
字　　　数	320 000
版　　　次	2023 年 6 月第 1 版
印　　　次	2023 年 6 月第 1 次印刷

标 准 书 号	ISBN 978-7-5713-3459-8
定　　　价	52.00 元

图书如有印装质量问题，可随时向我社印务部调换。

　　直观地讲，水生植物就是生理上依附于水环境的一类植物，兼具净化水质、固坡护岸、增加生物多样性等功能，是营造园林和湿地景观不可缺少的植物材料，还是装饰水族箱的理想物种，有着良好的生态和文化价值。

　　本书收录了百余种生活中常见的水生植物，根据形态特征与生长环境，将其划分为挺水植物、浮叶植物、浮水植物、沉水植物及湿生植物。同时，书中对每一种植物标注名称、类别和科属，还从其形态特征、生长周期、繁殖方式、种植要领、养护管理、药用价值、观赏价值、生态价值、分布区域及相关园艺种类等方面进行了详细介绍，兼具实用性与趣味性。书中汇集了大量精美的图片，全方位展示每一种水生植物的整体和局部特征，通俗易懂地将水生植物的基本常识整合于一体，力求帮助读者更透彻、更深入地了解每一种水生植物。

　　希望本书能帮助读者在日常观赏和养殖植物的过程中，获得更多乐趣，激发人们对自然生物的好奇心。书中涉及一些植物的药用价值，敬请谨遵医嘱使用。本书最后，把收录的所有植物按照科属拼音排序进行索引，方便读者查阅。本书在收录过程中难免存在一些错漏，恳请广大读者给予批评指正。

目 录
Contents

第一章　了解水生植物

第二章　挺水植物

第三章 浮叶植物

第四章 浮水植物

第五章 沉水植物

第六章 湿生植物

第 一 章

 了解水生植物

本章从水生植物的种类、形态、繁殖及
园林种植等多个方面入手，介绍了常见水生
植物的茎、叶、根及其价值，配以相应彩图，
方便读者对水生植物有一个整体的了解。

什么是水生植物

水生植物是指植物体的部分或全部长期生活在水中，并能完成繁殖循环的一类植物，它们比陆地植物更依赖水。除此之外，一些生活在水池或小溪边湿润的土壤里，茎、叶不会浸泡在水里，而根部长期生长在潮湿土壤中的湿生植物也可称作水生植物。

水生植物的分类

水生植物的分类有系统分类法、生长型分类法、生物学特性分类法、经济价值分类法及生活型分类法等多种。其中，生活型分类法的应用最广泛，它简单明了地反映了水生植物的特性及习性，是一种较通俗的分类方式。水生植物按生活型分类法可分为挺水植物、浮叶植物、浮水植物、沉水植物及湿生植物。

挺水植物

挺水植物是指根系或根茎生于底泥中，茎或叶子挺出水面的水生植物。其植株大多高大，花色艳丽，绝大多数有茎、叶之分。挺水植物种类繁多，常见的有荷花、千屈菜、菖蒲、黄菖蒲、水葱、再力花、海寿花、芦竹、香蒲、泽泻、旱伞草、芦苇、野茭白等。

挺水植物香蒲的根部生于水下底泥中，植株直立，茎叶分明

浮叶植物和浮水植物

浮叶植物与浮水植物很相似，它们的大部分植物体都生活在水中，区别在于，浮叶植物的根系固着于水下底泥中，而浮水植物的根系则在水体中。浮水植物的根系浮于水体中，随水流而动，生长空间向四周扩展，往往能占据较大的空间，获得更多的光能。常见的浮叶植物有睡莲、荇菜等，常见的浮水植物有凤眼莲、满江红等。

凤眼莲的叶面挺出或浮于水面

沉水植物

沉水植物的整个植株都沉于水体之中，有发达的通气组织，能在水中进行气体交换。沉水植物的叶多为狭长或丝状，能吸收水中部分养分，在水下弱光的条件下也能正常生长发育。沉水植物对水质有一定的要求，因为水质浑浊会影响其光合作用。沉水植物分为根着沉水植物和漂浮沉水植物两种。常见的沉水植物有黑藻、金鱼藻、竹叶眼子菜、水车前、菹草等。

水族箱内的植物多是沉水植物

湿生植物

湿生植物多指喜水性植物，根茎以上的部分不宜长期浸泡在水中。湿生植物多生长在沼泽、水池或小溪边沿湿润的土壤里，根部完全可以浸泡在水中。如花菖蒲、斑茅、狼尾草等。

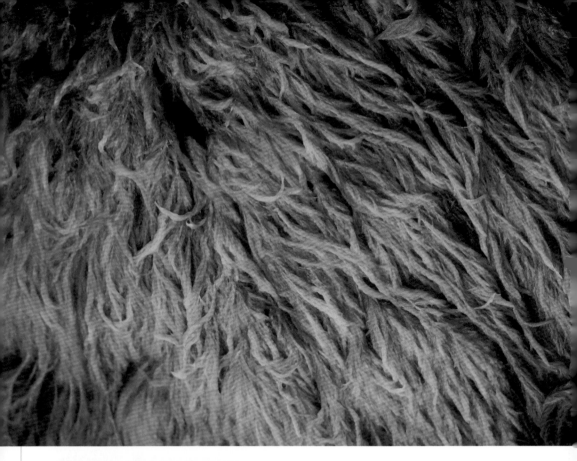

有2种或2种以上的叶型。一般来说，水生植物在幼苗阶段多数会发育沉水叶，随着植株的生长会相继长出浮水叶和挺水叶。

（1）沉水叶。多为线状、线形、羽状深裂或全裂，一般而言，浮叶植物、浮水植物和挺水植物都有沉水叶。

花菖蒲适应性很强，既能湿生也能旱地种植

水生植物的形态

叶

根据生态环境的变化，水生植物分别发育出沉水叶和浮水叶，有的植物还会同时拥

水蕨的沉水叶

（2）浮水叶。叶片宽阔，长宽比例很接近，多为圆形、椭圆形或心形。

王莲的浮水叶大型，浮于水面

（3）挺水叶。即长在水面上、空气中的叶片。当环境干燥缺水时，有些水生植物可以直接长出挺水叶，如慈姑。

（4）异型叶。有些水生植物同时有挺水叶和浮水叶，或有挺水叶和沉水叶，抑或是同时有挺水叶、浮水叶和沉水叶。

萍蓬草的叶子示意图

根系

　　水生植物的根系多为须根系，多数植物的根状茎发达，起着固着和储存营养的作用。但有少数水生植物有白色、海绵状的气生根；还有部分沉水植物是通过茎和叶来吸收水中营养的，减弱了根系的吸收功能，这使得有些沉水植物甚至没有完整的根系。

　　（1）须根。生于泥土中或悬垂于水中，有固定和平衡植物，以及吸收养分的作用。

　　（2）退化型根。有些浮水植物的根部几近退化，或缺少根系。

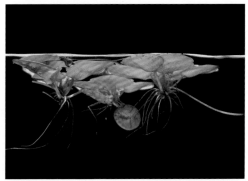

浮水植物的退化型根

一些沉水植物也有退化型根

茎

水生植物的茎多有发达的通气组织，其变态茎能发育成多种类型，如球茎、块茎、根茎等。发育球茎的水生植物会同时发育根茎。此外，沉水植物的茎通常较柔软，这是为了适应水体环境，因为柔软的茎可以随水流而变形，避免因水流而产生折断的现象。

蕹菜的匍匐茎

（1）直立茎。茎干垂直地面，直立向上生长。

凤眼莲也生有匍匐茎

（3）根状茎。又称根茎，气室发达，营养丰富，繁殖力强，如荷花。

直立茎会挺出水面

（2）匍匐茎。又称横走茎，基部的旁枝节间较长，每个节上可生叶、芽和不定根，如蕹菜和凤眼莲。

荷花的根状茎极其发达，是主要的繁殖器官

（4）球茎。球茎里贮藏了丰富的养料，如荸荠、慈姑。

荸荠的球茎用于繁殖，具有食用价值

线形叶面可提高挺水植物的光合效能

水生植物的生长环境

光

光照时间的长短对水生植物的生长和发育有重要的影响。

挺水植物的叶片挺出水面，可以直接接受光照，光合作用条件良好。挺水植物中大部分植物的叶片呈线形，减少了叶片彼此的相互遮盖，提高了光合效能。

浮叶植物和浮水植物靠浮在水面上或露出水面的叶片完成光合作用，大部分叶片背面处于水中，有较好的降温作用，这样更有利于叶片表面对光能的利用。当浮水植物过于拥挤时，会有部分叶片挺出水面，达到增强光合作用的目的。

沉水植物能接受的光照十分微弱，因此通过形态和生理上的机制演化来适应弱光，进而完成生长所需的光合作用。光对沉水植物的生长发育及繁殖有很重要的影响，很多人工培育的沉水植物在生长期与繁殖期需进行补充光照，以消除光照不强及弱光带来的不利影响。

温度

温度对水生植物的影响主要有以下三方面：

（1）温度限制水生植物的分布。温度对水生植物的分布影响主要取决于低温，这是因为低温的持续时间如果过长，会让水生植物的有效积温达不到生长发育要求，而使其不能完成正常的生长发育，不能开花结果，进而对其分布带来影响。

（2）温度影响水生植物的繁殖。低温对植物的生长发育有影响，同样，高温亦如此。通常情况下，水生植物的无性繁殖要比有性繁殖更为普遍，而温度对无性繁殖的影响也是十分明显的。如再力花、海寿花、千屈菜、香蒲、苲草等植物进行无性繁殖时，有的需要高温，有的则需要在秋季低温期进行。

（3）温度决定水生植物的光合作用。水温会随着季节的交替而产生变化，同时影响到植物的光合作用。在不同的温度下，植物对光的需求和饱和点是不同的。温度越低，植物对光的需求越高，也就是说，在低温季节需要对植物进行适当的补光。

水位

水生植物对水的依赖性非常强，水位的高低会对其生长、分布及繁殖造成影响。

（1）湿生植物。水位对湿生植物的影响最大，水位线的高低直接决定了湿生植物的分布线。

（2）挺水植物。对水深有一定的适应性，但通常以低水位为宜，因为低水位更有利于其萌发，还能促进底泥中喜氧微生物的活动；若水位过高，由于缺氧、缺光及水压等，对挺水植物生长不利。

（3）浮叶植物。因根着底泥中，水位过高会把叶子拉入水中而淹死；或因高位水，其叶子无法长出水面而死亡。

（4）浮水植物。植物漂浮在水面之上，水位的高低对其没有特别明显的影响。

（5）沉水植物。不喜高水位，如果水位过高，会使其光照减少，影响沉水植物的光合作用，也会使底泥中的微生物缺氧，不利于植株生长。

不仅能影响水生植物的分布，还会影响水体中无机碳源的存在形式，进而影响水生植物的光合效能。每一种水生植物都有适生的酸碱度，一般而言，水生植物适宜的水体pH值范围是6.0~8.5，一些沉水植物在短期内可接受9.0。

根据水体深度的变化配置水生植物

水质

水生植物的分布和生长发育都会受水质影响，水质则受水体中微生物、悬浮物、透明度、酸碱度等因素影响；酸碱度

种植沉水植物的水体pH值最高不要超过8.5

底泥

底泥对水质有着重要的调节作用，可以释放微量元素、保持水的活性、促进植物光合作用、助益水生植物的生长。除了浮水植物对底泥的要求不高，在栽植其他水生植物时，底泥需要有足够的厚度及密度，这样才能保证植株可以抵抗流水和浮力，从而能固着植株。一般可用田土、池塘淤泥等有机黏质土打底，表层铺盖粒径1~3厘米的粗砂，这样既能防止灌水，又能避免因震动造成的水体浑浊现象。

（1）挺水植物。要求底泥必须有固着的作用，这一点对挺水植物是至关重要的，底泥的厚度与密度要能使挺水植物抵抗流水和浮力。此外，还应注意底泥的营养成分。

（2）浮叶植物的底泥作用与挺水植物类似，需有提供养分与固着的功能。

（3）浮水植物。无须固着，但是底泥释放出的营养物质可影响浮水植物的生长。

（4）沉水植物。对底泥的依赖较大，虽然部分沉水植物的根系并不发达，但在种植时，必须保证底泥的固着与充足的养分，能释放出足够的营养物质来为植物生长提供营养。

水生植物的繁殖

有性繁殖

（1）播种前的准备。在播种前可用冷水或温水浸种，水温控制在40℃左右，使种皮变软或种子吸胀后再进行播种。如种皮坚硬可采用刻伤种皮、药剂处理等方法；有些水生植物的种子需要在水中贮藏，使种子完成休眠，翌年再进行播种。播种的方式主要有撒播、点播、条播3种。

（2）播种期。水生植物通常在春季，水温回升后进行播种，有些可以在夏末秋初播种；也可随采随播。有些水生植物的种子极为细小，可与细沙掺在一起，这样更方便播种。

（3）播种土。播种土可用泥炭土3份加沙1份配成播种用土；也可用腐叶土或细沙土作为播种用土。

无性繁殖

（1）分株法。将母株中具有独立生长能力的部分分离出来进行繁殖的方法，包括侧芽、节部不定芽、叶胎生芽等。

（2）扦插法。利用水生植物营养器官的再生能力，切取根、茎等，插入苗床后长出新植株的繁殖方法。

（3）压条法。利用秋末、初冬修剪下的成熟茎秆枝节，平置在阳光充足的水生植物菌床中，通过节部的芽萌发长成新植株的繁殖方法。

水生植物的园林种植形式

自然式种植

自然式种植就是把植物直接种植在水体的底泥中，大部分水生植物的种植均采用此种方式。一般从水体中心至岸边，根据水深的变化，依次种植浮水植物、沉水植物、浮叶植物，然后是挺水植物，最后是湿生植物。自然式种植需要人为控制水生植物的长势，避免植物自繁而影响甚至破坏水生植物景观。

容器种植

把水生植物栽植在容器中，再将容器沉入水中。容器的大小可以根据施工条件和水生植物的规格选择，常用的容器有缸、盆等，近年也多用美植袋。一般不用有孔的容器，因为培养土及其肥效很容易流失到水里，造成水质污染。容器种植可根据植物的生长习性和整体景观要求进行布置，同时还限定了水生植物的生长范围，便于应用与管理，特别适合于底泥状况不够理想和不能进行自然式种植的地方。

种植槽种植

在水中砌筑种植槽，再铺上加了腐殖质的培养土，然后将水生植物直接栽植在种植槽中。此种种植方法可有效限制水生植物的生长范围，有利于保持水生植物景观的稳定性。

水生植物的管理

疏除

栽植后，需要对生长迅速、扩散能力强的植物进行疏除，一般种植1~2年后可进行一次疏除或分株，避免水生植物因生长过密而影响其健康。

施肥

施肥时宜采用化肥而不宜使用有机肥，因有机肥容易污染水质；此外，用量要少。

水体维护

定期观察水位，避免水生植物出现缺水或受淹的现象。如果产生浮株，应及时打捞并重新栽植。对沉水植物，应适时观察水体

透明度，及时打捞衰败的残枝，避免其腐烂后对水质造成影响。

越冬

越冬时，南方地区的水生植物仅有部分枯黄的叶片，只要及时清理即可；北方地区的水生植物则会全部枯黄，在清理时应保留10厘米左右高的根茎，并对根部进行培土保温，这样可以避免低温损伤水生植物的根系。

防治病虫害

水生植物在生长发育期间如遇密度过大、光照不足、通风不良、水质污染等情况，极易发生病虫害。

（1）菱白绢病。多在夏秋季天气闷热、湿度大时发生和蔓延，水质污浊时植株更易发病。最初在叶片中部出现少数黄色小病斑，随后逐渐扩大。可通过合理疏除，防止夏、秋季节水面植株过于拥挤，保持水质洁净，防止污染等方法避免病害；发病时应及时摘除病叶，用甲基托布津或多菌灵加水稀释500倍，喷雾防治。

（2）叶斑病。多在植株开花或结果期出现，叶片上产生多数圆形斑点，在潮湿天气长出灰色霉层，严重时全叶腐烂。可通过增施磷、钾肥来预防叶斑病。发病初期可用70%的甲基托布津800~1000稀释液和25%的多菌灵500倍稀释液喷雾防治，二者交替使用，每周一次，重复2~3次便可治愈。

（3）黑斑病。叶上出现褪绿的黄色病斑，后期呈圆形或不规则形，变褐色并有轮纹，边缘有时有黄绿色晕圈，上生黑色霉层。严重时，病斑连成片，除叶脉外，全叶枯黄。多在雨季、夏季水温过高或氮肥施入过多的情况下发生。可通过加强栽培管理、

及时清除病叶来防止病患扩散；也可喷施75%的百菌清600~800倍液进行防治。

（4）蚜虫。水生植物在生长发育期时，如光照不足、通风不良，易遭受蚜虫危害。发现虫害时可用敌敌畏1200倍水溶液喷杀。

水生植物的造景应用

水际线

水际线配置是指沿着水体岸线，在水位线两侧配置水生植物的方法。水际线是水生植物种类丰富的区域，主要以挺水植物和湿生植物为主。水际线的植物配置除了要考虑植物的叶形、花色、株形、体量等因素，还应考虑水位变化对植物的影响，一般而言，水际线配置的植物应具备一定的耐旱性。

常见的水际线配置

水深梯度

水深梯度配置是指水生植物从水体岸线向水体中心区域的配置方法。在植物配置方面，应充分考虑水体深度变化对水生植物的影响。通常是湿生—挺水—浮叶—沉水—浮水的配置方式，兼顾不同植物的习性特点，按照造景要求进行排列配置。

湿生植物+挺水植物+浮叶植物

水族箱

　　水生植物装饰水族箱的关键在于植物种类的选择与搭配，需要了解植物的色彩、习性及生长高度，以决定其在水族箱中的位置。通常来讲，中景位置应该选择颜色浓郁的植物，如红蝴蝶；前景辅以低矮型植物，如牛毛、矮珍珠、针叶皇冠等；背景搭配较大型的植物，如狐尾藻、皇冠等。

水生植物的价值

净化水质

　　水生植物进行光合作用时，能吸收环境中的二氧化碳，放出氧气，在固碳释氧的同时，水生植物还会吸收水体中许多有害物质，从而消除污染，净化水质，改善水体质量，恢复水体生态功能。如凤眼莲对氮、磷、钾元素及重金属离子均有吸附作用；而芦苇除具有净化水中的悬浮物、氯化物、有机氮、硫酸盐的能力外，还能吸附水中的汞

和铅等。

美化水景

　　水生植物点缀在水面和岸边，有很强的造景功能。水生植物历来是构建水景的重要素材之一，各种水体的美化都离不开水生植物的功用。像风吹苇海、月照荷塘这类风景，都会令人触景生情，产生美的遐想；而曲水荷香、柳浪闻莺这类景点，皆是因为用水生植物造景而古今闻名。

固坡护岸

　　水生植物的生长增加了土壤中有机质的含量，提高了土壤的持水性，改善了土壤的结构与性能。另外，湿生植物及部分挺水植物栽植于水陆交界之处，其发达根系的较强扭结力，能减少地表径流，防止水对泥土的侵蚀和冲刷。因此，种植水生植物既能改良土壤，提高肥力，又能保持水土，起到固坡护岸的作用。

水族箱美化

　　在养殖观赏鱼的水族箱中加入一些植物，可增加自然趣味，提高水族箱的观赏性。在水族箱中生长的水草主要为沉水植物，如苦草、虾藻、金鱼藻等。有的水草叶色碧绿、姿态华丽，极具观赏性；有的水草布置在水族箱四周用作点缀、衬景；还有的水草能遮阴降温，为观赏鱼类营造良好的生态环境。

盆栽绿化

　　在室内摆放一盆水生植物，可以给生活带来更多的温馨和浪漫。如海芋，又名滴水观音，作为盆栽深受欢迎；再如萱草、碗莲、纸莎草、小香蒲等，都是理想的室内盆栽植物材料，运用得当，能够显著美化我们的生活环境。

第 二 章

挺水植物

挺水植物的适应能力强，根系发达，有深根型和浅根型之分。其根系或根茎生于底泥中，茎或叶子挺出水面，植株高大，花色艳丽，种类繁多。常见的挺水植物有木贼、菖蒲、鱼腥草、水葱、海寿花、芦竹、香蒲、泽泻、芦苇等。

叶绿色，有光泽，呈剑状线形

菖蒲 *Acorus calamus*

又名水菖蒲、白菖蒲、藏菖蒲 / 多年生挺水草本 /
菖蒲科，菖蒲属

　　根茎横走，稍扁，有分枝，有较多的肉质根及毛发状的
须根。基生叶，基部两侧有宽4~5毫米的膜质叶
鞘，向上渐狭；草质叶片，绿色，有光泽，
呈剑状线形，长90~150厘米，中部宽1~3
厘米。花序柄三棱形，长15~50厘米；
叶状佛焰苞剑状线形，长30~40厘米；
肉穗花序斜向上或近直立，狭锥状圆柱
形，直径6~12毫米；花黄绿色。浆果长圆
形，红色。

肉质根

生长周期： 南方地区可带芽越冬，
2月底开始萌发新芽，4~5月为花果
期；北方地区6~9月为花果期。

生长环境： 喜光，稍耐阴，喜温
热，耐低温，多生长于河流、湖泊、
池塘、沼泽等处，在水深55厘米左右均可
生长。

繁殖方式： 有性繁殖和无性繁殖均
可。有性繁殖时，可将当年成熟的浆果清洗
后进行播种，翌年春天即可发芽。无性繁殖
在全年均可进行，其中以早春时节为佳，将
根状茎切2~3节插入苗床上即可。

种植要领： 菖蒲的种植可采用移植
法，全年皆可进行，尤以生长旺季的成活
率最高。种植时可选择软质底泥，以酸碱
度中性为宜；菖蒲喜强光，种植在水深55
厘米以内的水体即可；种植密度为每平方

狭锥状圆柱形的肉穗花序
斜向上或近直立

根茎横走，并有分枝

米16~25丛，每丛4芽左右。

养护管理：春季萌芽期要注意防范虫病，冬季越冬期应保证足够的水位，这样可避免因冬季低温而造成冻害。

药用价值：菖蒲全株芳香四溢，可做香料或驱蚊虫；茎、叶、花可入药，有祛痰、散风的功效，可祛疫宁神、强身健体。历代中医典籍均把菖蒲根茎作为益智宽胸、聪耳明目、祛湿解毒之药。

观赏价值：菖蒲叶丛翠绿，端庄秀丽，香气四溢，适宜水景岸边及水体绿化，也可以盆栽观赏或做布景，还可以做插花材料。

生态价值：菖蒲对环境有很强的适应性，耐寒、耐贫瘠，有很好的除氮、磷的效果，能够吸收水体中的镉，对重金属污染的水体有极佳的修复作用。

分布区域：广泛分布于世界温带、亚热带地区；我国各地均有分布。

我国民间有端午节悬挂菖蒲的习俗

实际应用中，常常于水际线附近片植

陆地种植的菖蒲也很常见，能显著美化环境

菖蒲造景一角，能够净化水体

花叶菖蒲 *Acorus calamus* 'Variegatus'

又名金叶菖蒲 / 多年生挺水草本 /
菖蒲科，菖蒲属

花叶菖蒲是菖蒲的园艺变种。
株高70~100厘米。根肉质，须根较
为密集。根茎上部的分枝较多，茎丛
生。叶茎生，质地较厚，剑状线形，
长70~100厘米，宽不足2~3厘米，
先端长渐尖，叶片纵向近一半宽为金
黄色。肉穗花序斜向上或近直立，花
黄色。浆果为红色，长圆形。

茎生叶，呈剑状线形

肉质根，生有
密集的须根

根茎有较多的分枝

生长周期： 2月中下旬开始进入萌芽
期；3~6月进入花期；5~6进入果期；秋末
冬初霜冻前后上部茎叶逐渐枯萎，进入休
眠期。

生长环境： 喜湿润环境，有较好的耐
寒性；适宜种植在水深40厘米以内的水体
中；喜软质底泥，稍耐阴；喜全光照环境。

繁殖方式： 无性繁殖。分株繁殖宜在
春、秋两季进行，将植株挖起苗后剪除老
根，取2~3个芽为一丛，栽于盆内或分栽于
苗地中。育苗期间需保持土壤湿润。

种植要领： 花叶菖蒲主要采用移植法
种植，其生长适应性强，全年均可种植，种
植前可适当地剪去部分叶片，这样有助于提
高成活率。种植密度以每平方米16~25丛为
宜，每丛芽苗数为5芽左右较为合适。

养护管理： 春季萌芽时应注意防范虫
害，越冬时应保持水位高于越冬芽，这样可
以避免越冬芽被冻伤。

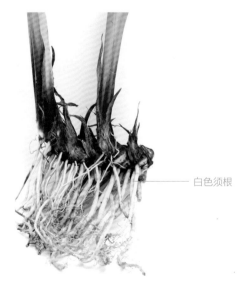

白色须根

药用价值： 花茎香味四溢，根茎入药可强身健体，能调理腹胀腹痛和食欲不振。

观赏价值： 花叶菖蒲的叶片挺拔秀丽，黄绿双色叶片，看上去层次分明，多用于装饰园林内的水系景观，也可作为阴湿地带的地被植物。叶片可作为切叶装饰室内。

分布区域： 我国浙江、江西、湖北、湖南、广东、广西、陕西、甘肃、四川、贵州、云南、西藏等地均有栽培。

叶片挺拔又不乏细腻，色彩明亮

常植于池边、溪边、岩石旁等地，做林下阴湿地被

黄菖蒲 *Iris pseudacorus*

又名水烛、黄花鸢尾、水生鸢尾 /
多年生挺水草本 / 鸢尾科，鸢尾属

根状茎粗壮，直径可达2.5厘米左右，斜向上生长，茎部有明显的节；有黄白色的须根及皱缩的横纹。叶为基生，灰绿色，宽剑形，长40~60厘米，宽1.5~3厘米，顶端渐尖，基部鞘状，中脉较明显。花茎粗壮并稍高于叶片，有明显的纵棱，上部有分枝，茎生叶比基生叶短且窄；花黄色，垂瓣上部为长椭圆形，基部近等宽，多数有褐色斑纹，旗瓣呈淡黄色，花径10~11厘米。蒴果长形，内有褐色种子数枚，有棱角。

叶片呈灰绿色

有明显的棱，略有分枝

茎直立，有明显的节

生长周期： 南方地区于早春2月中下旬开始萌芽，花期为4月上旬至5月中旬，果熟期为8月下旬；北方地区在3月中旬开始萌芽，花期为5~6月，果熟期在8月底。

生长环境： 生长适应性较强，有一定的耐旱性，喜光，喜温暖的环境，但也有较好的耐寒性。在水位较高或潮湿的土壤中均能种植；喜软质底泥，种植水位在55厘米以内则长势良好。

繁殖方式： 有性繁殖、无性繁殖均可。播种繁殖在种子成熟后可立即进行，这样有利于种子的萌发，播种后2~3年即可开花。分株繁殖一般每隔2~4年进行一次，于春、秋两季或花后进行。分割根茎时，以3~4个芽为好。分株不要太细，否则会影响翌年开花。进行分株繁殖时，应将植株上部叶片剪去，留20厘米左右进行栽植即可。

种植要领： 黄菖蒲可采用移植法进行种植，每年3~12月为最佳种植期，种植密度以每平方米16~25丛、每丛2~5芽为宜，水体深度不要超过55厘米。

花黄色，多数有褐色斑纹

片植黄菖蒲也是一道美丽的风景

养护管理： 栽植前要提前做好灭草工作，栽植过程中如有杂草应及时人工拔除，尽量不采用化学除草剂来清除杂草。花期过后应及时修剪果序，霜冻后及时修剪枯叶。

药用价值： 干燥的根茎可缓解牙痛、调经、治腹泻，也可以做染料。

观赏价值： 黄菖蒲适应性强，叶丛、花朵特别茂密，是各地湿地水景中使用较多的花卉。无论配置在湖畔，还是在池边，其展示的水景景观，都颇具诗情画意。春夏之交，用几支黄菖蒲瓶插点缀客厅，令人心旷神怡。

生态价值： 黄菖蒲有很强的铜富集性，能有效降低土壤的重金属含量，也适宜栽种在人工湿地和人工浮岛。

分布区域： 原产于欧洲，在中国大部分地区均有栽植。

园艺种类： 金叶黄菖蒲。金叶黄菖蒲在春、秋两季萌发出的新叶为金黄色，夏、冬两季的叶片为绿色，植株价格较高，因此适合小面积种植于水深不超过45厘米的水体中。水陆两生，是家庭园艺种植的理想植物。

黄菖蒲的花直径 10~11 厘米

丛植黄菖蒲开花时分外美丽

水体种植的水位不要超过 55 厘米

陆地种植也可以成为良好的景观

香蒲 *Typha orientalis*

又名东方香蒲、猫尾草、蒲菜、水蜡烛 /
多年生挺水草本 / 香蒲科，香蒲属

条形叶片，
光滑无毛

花序连
接紧密

根状茎为乳白色，地上茎较粗壮，上部渐细，高1.3~2米；叶片条形，长40~70厘米，宽0.4~0.9厘米，光滑无毛，上部扁平，下部腹面略呈凹状，背面逐渐隆起呈凸形；叶鞘抱茎。雌雄花序紧密连接；雄花序长2.7~9.2厘米，花序轴有白色弯曲柔毛，自基部向上有1~3枚叶状苞片，花后脱落；雌花序长4.5~15.2厘米，基部有1枚叶状苞片，花后脱落。果皮有长形褐色斑点；种子褐色，微弯。

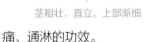

茎粗壮，直立，上部渐细

生长周期： 南方地区于2月底开始萌芽，花果期为6~8月，11月初叶片逐渐枯黄；北方地区于3月底开始萌芽，花果期为7~9月，10月末叶片逐渐枯黄。

生长环境： 香蒲喜高温多湿的气候环境，同时有很好的耐寒、耐旱性，喜肥且耐贫瘠；多生长于农田、沟渠、湖泊、河流的浅水处。

繁殖方式： 有性繁殖、无性繁殖均可。有性繁殖可在3~4月进行播种，播种前需对种子进行浸泡处理，有助于提高种子的出芽率。

无性繁殖在春、夏两季进行。

种植要领： 用移植法种植，水体深度为55厘米以内，以软质底泥为宜，种植时需做控根处理。种植时间为每年的3~10月；种植密度以每平方米36~49株为宜。

养护管理： 养护时应注意控制植株蔓延，并防止出现倒伏的情况，收割宜在冬枯后进行。

药用价值： 香蒲的嫩茎叶可以作为蔬菜食用；花粉入药有活血化瘀、止血镇痛、通淋的功效。

经济价值： 香蒲是造纸和人造棉的重要原料。蒲叶可以用来编织工艺品，蒲绒可以填充枕芯和坐垫。

观赏价值： 香蒲叶绿穗奇，飘逸灵动，常用于点缀园林水池、湖畔，构筑水景，适合做花境、水景背景材料，也可盆栽布置庭院。

分布区域： 黑龙江、吉林、辽宁、内蒙古、河北、山西、河南、陕西、安徽、江苏、浙江、江西、广东、云南、台湾等地均有栽培。菲律宾、日本、俄罗斯，以及大洋洲等地均有分布。

大面积片植的同科同属的狭叶香蒲

小香蒲 *Typha minima*

多年生挺水草本 / 香蒲科，香蒲属

茎直立向上

地上茎直立，细弱，矮小。叶常基生，鞘状，近无叶片。雌雄花序远离；叶状苞片明显宽于叶片。雄花无被，有雄蕊1枚单生，花药长1.5毫米左右，花粉粒成四合体，纹饰颗粒状；雌花有小苞片；白色丝状毛先端膨大呈圆形，着生于子房柄基部，或向上延伸，与不孕雌花及小苞片近等长，均短于柱头。

生长周期：南方地区2月底至3月初开始萌芽，5月进入花期，10月中旬叶片开始枯黄；北方地区3月底至4月初开始萌芽，6月始花，10月底枝叶开始枯黄。

生长环境：生于池塘、湖泊、水沟边浅水处，在一些水体干枯后的湿地及低洼处也较为常见。喜光，不耐阴，全日照的条件下生长良好；喜肥，不耐贫瘠；喜水，稍耐旱，同时具有较好的耐盐碱性。

繁殖方式：无性繁殖于4~6月进行，将香蒲地下的根状茎挖出，用刀截成每丛带有6~7个芽的新株，分别定植即可。有性繁殖多于春季进行，播后不覆土，注意保持苗床湿润，夏季小苗成形后再进行分栽。

种植要领：采用移植法进行种植，小香蒲喜营养丰富的软质底泥，每年的3~10月均可进行种植，种植密度以每平方米25~49丛为宜，水体深度一般在30厘米以内，长势良好。

养护管理：小香蒲的适应性较强，生长旺盛，有一定的侵占性，养护管理期应适当地进行人工干预，控制其生长的范围。此外，在早春萌芽时应注意防治虫害，霜冻后枯萎的枝叶要及时修剪。

药用价值：小香蒲的花粉入药，有止血、祛痰、利尿等功效。

观赏价值：香蒲叶绿穗奇，常用于点缀园林水池、湖畔，构筑水景。可作花境、水景背景材料，也可用作盆栽布置庭院。

经济价值：小香蒲是一种纤维植物，富含较多的粗纤维，可用于造纸。叶称蒲草，可用于编织。

分布区域：我国黑龙江、吉林、辽宁、内蒙古、河北、河南、山东、山西、陕西、甘肃、新疆、湖北、四川等地均有分布。巴基斯坦及欧洲各国也有分布。

水际线区域大面积片植

野茭白 *Zizania latifolia*

又名雕莲、菰、菰米 / 多年生挺水草本 / 禾本科，菰属

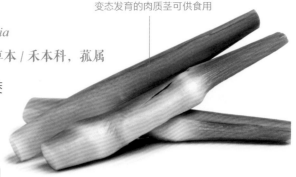

变态发育的肉质茎可供食用

茭白是野茭白的病体产物。野茭白的茎分为地上茎和地下茎，地上茎较粗壮，可形成藟枝丛，直立生长，基部节上生有不定根；主茎和分蘖枝进入生长期后，基部如有茭白黑粉菌寄生，则不能正常开花、结果，但会形成椭圆形或近圆形的肉质茎，即"茭白"或称"茭笋"。地下茎为匍匐茎，中空，扁圆形，横生于土中，其先端的芽于翌年萌生，转向地上生长，形成分蘖，逐步形成新的株丛。叶片扁平宽大，长50~90厘米，宽15~30毫米。圆锥花序，簇生，长30~50厘米，分枝较多；雄小穗长10~15毫米，两侧扁，生于花序下部或分枝上部，略带紫色，顶端渐尖，有雄蕊6枚；雌小穗圆筒形，长18~25毫米，宽1.5~2毫米，生于花序上部或分枝下方与主轴贴生处。颖果圆柱形，长约12毫米。

生长周期： 2月底至3月初开始萌芽，初期生长迅速，花果期为7~10月。

生长环境： 喜光，喜温暖的环境且耐寒，繁殖力强，适应性广；喜肥沃的基质，也十分耐贫瘠；多生长于水中或沼泽中。

繁殖方式： 有性繁殖和无性繁殖均可。有性繁殖在春天进行，将成熟的种子催芽后再播种，当幼苗长到20厘米左右再进行移植。无性繁殖以分株育苗繁殖和剪秆扦插育苗的成活率较高，应用较为普遍。

种植要领： 野茭白的移植可在4~11月的生长期进行；植株密度以每平方米3~12丛、每丛5~15芽为宜；野茭白的适应强，水深55厘米左右均可种植。

养护管理： 野茭白在进入冬季休眠期时，应对地上部分的枯萎枝叶进行及时修剪并清除残体，这样更有利于翌年春季的萌芽。

药用价值： 野茭白可入药，有除烦热、清肠胃等功效。

观赏价值： 野茭白成丛生长，植株整齐高大，在浅水区大面积种植，视感壮观且又不乏江南水乡气息；也可用于装饰构筑物的一隅小景，叶片飘逸，茎秆挺直，飘逸而灵动。

经济价值： 茭白是一种美味的蔬菜，营养价值高，野茭白的颖果称菰米，作饭食用，有营养保健价值。全草为优良的饲料，茭白丛为鱼类的越冬场所。

分布区域： 我国黑龙江、吉林、辽宁、内蒙古、河北、甘肃、陕西、四川、湖北、湖南、江西、福建、广东、台湾等地均有分布。日本及欧洲各国也有分布。

叶细长，分枝多

茭白田，具有一定的经济价值

藨草

Schoenoplectus triqueter

又名三棱水葱、青岛藨草 / 多年生挺水草本 /
莎草科，藨草属

直立生长的茎
秆呈三棱形

　　匍匐根状茎较长，干时呈红棕色。秆散生，高20~90厘米，三棱形。叶片扁平，丛生，叶面有横向银灰色条斑，叶背有白粉，缘有小锯齿，复穗状花序从叶丛中伸出，小花序扁平。小坚果倒卵形，呈平凸状，长2~3毫米，成熟时褐色，有光泽。

生长周期： 3月初开始萌芽，南方地区的花果期为5~10月；北方地区的花果期为6~9月，11月初，枝叶开始枯黄，进入休眠期。

生长环境： 抗寒耐湿，喜生于潮湿多水之地，多生于沟边塘边、山谷溪畔或沼泽地；喜光耐旱，消落区长势良好。

繁殖方式： 有性繁殖，于3~4月在室内播种，将催好芽的种子撒播在盆土上面，然后撒上一层细沙或土覆盖种子，再将播好种的盆浸入水中；保持室温20~25℃，20天左右即可生根发芽。无性繁殖在清明节前后，把越冬苗挖出，将地下茎切成若干块丛，每丛8~12个芽，进行栽种。

种植要领： 宜种植在水深50厘米以内的水体中，底泥以软质肥沃为宜，在潮湿土壤或地下水位较高的区域均可种植；种植期较长，3~11月均可进行种植；种植密度以每平方米35~50丛为宜。

养护管理： 生长期内需施1~2次肥；11月植株进入休眠期，应对枯黄的枝叶及残体进行及时修剪。

药用价值： 藨草可全草入药，主治食积气滞、呃逆饱胀等症状。

观赏价值： 植株挺拔直立，色泽光雅洁净，整体形态美观大气，主要用于水面绿化或岸边、池旁点缀；也可盆栽庭院摆放或沉入小水景中作观赏用。藨草的生长侵略性较强，用于造景时，宜与再力花、海寿花、水葱、慈姑等一些不易被入侵的植株种类搭配。

分布区域： 除广东、海南外，我国各地均有分布。俄罗斯、印度、朝鲜、日本等国也有分布。

丛植于水际线区域

复穗状花序，小花序扁平状

水葱
Schoenoplectus tabernaemontani

常见小穗 2~3 个簇生于枝顶

秆直立向上生长

又名葱蒲、莞草、蒲苹、水丈葱 /
多年生挺水草本 / 莎草科，水葱属

　　匍匐根状茎粗壮，须根较多。秆高大，呈圆柱状。叶片线形。有1枚苞片为秆的延长，直立向上生长，呈钻状，短于花序，极少数稍长于花序。长侧枝聚伞花序，单生或复出；小穗单生或2~3个簇生于枝顶端，卵形或长圆形，顶端急尖或钝圆，有花多数；鳞片椭圆形或宽卵形，顶端稍凹，具短尖，膜质；雄蕊3，花药线形，药隔突出；花柱中等长，柱头2枚，极少数为3枚，长于花柱。小坚果倒卵形或椭圆形，双凸状，少有三棱形，长约2毫米。

生长周期：南方地区2月中下旬开始发芽，4月始花，10月左右枝叶开始出现枯黄；北方地区于3月中旬开始萌芽，花果期为6~9月，10月初枝叶开始枯黄。

生长环境：多生长在湖边或浅水塘等一些静止或水流缓慢的水体中。喜光，喜热，也耐寒，喜肥沃底泥，有一定的耐贫瘠性；喜水也耐旱，在潮湿或水深55厘米以内的地方均能生长。

繁殖方式：有性繁殖、无性繁殖均可。有性繁殖在3~4月进行播种。园林种植中多以分株繁殖为主，在早春或冬季休眠期，取健壮的根状茎进行种植。

养护管理：入秋后应及时修剪地上部分的枯黄茎秆；种植2~3年后要进行疏株处理，如果植株过于浓密，夏季后整个群落会出现禾秆枯黄的现象；水葱喜肥，每次刈割后要及时追肥；早春时期应防止食草性鱼类的侵害。

药用价值：水葱可入药，主治水肿胀滞、小便不畅等症状。

观赏价值：水葱的植株高挺，茂密翠绿，可丛植或片植，十分适合在湿地水际线种植，造景时可与一些阔叶植物如再力花、海寿花、慈姑等搭配，既美观又有层次感。

分布区域：产于中国东北各省，以及内蒙古、山西、陕西、甘肃、新疆、河北、江苏、贵州、四川、云南等地。朝鲜、日本、澳大利亚等国也有分布。

园艺种类：斑叶水葱。多年生草本植物，秆高大，圆柱状，茎秆上有银白色斑纹；多栽培于岸边、池旁，形态美观，也可用作盆栽进行庭院布景装饰。

　　金线水葱。植株高大挺拔，茎秆上有黄白色的纵向条纹；多栽培于浅水湖边、池塘或湿地中；除华南地区外，遍布我国各地。朝鲜、日本，以及大洋洲、美洲也有栽培。

水葱的叶片呈线形

水深梯度配置，是造景中常用的方法

金线水葱性喜阳，耐盐性极强，栽于浅水中，除美化环境外，还具有良好的保土、净化水质的作用

斑叶水葱是水葱的变种，其秆上具黄绿色斑驳，观赏价值较高

小体量水系如商住区绿地等水系适合丛植水葱

水葱生长迅速，在涟漪水体的映衬下颇具妙趣

芦竹
Arundo donax

又名狄芦竹 / 多年生挺水草本 /
禾本科，芦竹属

有发达的根状茎；秆粗大直立，茎有多节，常生分枝。叶鞘生于节间，无毛或颈部具长柔毛；叶片扁平，上面与边缘略显粗糙，基部为白色，抱茎。圆锥花序，分枝稠密，斜升；背面中部以下有密集的长柔毛，两侧上部有短柔毛。颖果细小，黑色。多生于河岸道旁的沙质壤土上。

圆锥花序，分枝稠密

茎节较多，常有分枝

生长周期： 3月初开始萌芽，花果期为9~11月，12月枝叶开始枯黄，进入休眠期。

生长环境： 喜温暖，喜水湿，有较强的耐旱、耐贫瘠性，但不耐寒；多生长于南亚热带至北亚热带地区，水体深度不超过50厘米。

繁殖方式： 有性繁殖和无性繁殖均可。有性繁殖在3月进行。无性繁殖有分株、扦插两种方式，分株繁殖于早春进行，将根茎切成4~5个芽一丛，然后移植；扦插可在春天将茎秆剪成20~30厘米一节，每个插穗都要有节间，扦入湿润的泥土中，30天左右间节处会萌发白色嫩根，然后定植，注意去除杂草并保持土壤湿度。目前多用压条法繁殖。

种植要领： 育苗后采用移植法进行种植。种植密度为每平方米4~6丛，每丛保持5~10芽。

养护管理： 苗期要做好中耕、除草工作；一般于5月上旬、7月上旬分别施肥一次，追肥后浇水；萌芽期注意防治病虫害。

观赏价值： 芦竹叶似芦苇，秆似竹，植株秀丽挺拔，可于庭院中、桥头、建筑物旁小面积种植，亦可丛植或片植于堤岸水际线，既有映衬造景的作用，又可以改善生态环境。

生态价值： 芦竹对重金属有很好的吸附作用，十分适合丛植，用以改善人工湿地或浮岛的生态环境。

分布区域： 我国广东、海南、广西、贵州、云南、四川、湖南、江西、福建、台湾、浙江、江苏等地多有分布。非洲、大洋洲等热带地区亦有分布。

花叶芦竹叶片呈两行排列，线状披针形，先端长渐尖，基部心形或圆形，叶具白色条纹

园艺种类：花叶芦竹。芦竹的变种，其植株体量比芦竹要小，生长迅速，叶片有金黄色或银白色条纹，喜水耐旱，略耐寒，我国南北方均可种植。对重金属污水中的铁、锰、锌等元素的综合富集力较强，是一种可用作净化重金属污水的优良水生植物。

秆粗大直立，茎部多分枝，斜升上举，小穗绿色或带紫红色

丛植的花叶芦竹

芦竹是纸浆和人造丝的原料，还能做青饲料，其秆可制管乐器的簧片

芦竹叶舌膜质，截平，先端具短纤毛；叶片扁平，披针状线形

木贼 *Equisetum hyemale*

又名节骨草、节节草 / 多年生挺水草本 /
木贼科，木贼属

木贼的根状茎短粗，黑褐色，横生地下，节上生黑褐色的根；地上茎直立，圆柱形，绿色，有节，表皮常有硅质小瘤，单生或节上有轮生分枝；节间有纵行脊和沟；叶鳞片状，轮生，在每个节上合生成筒状叶鞘(鞘筒)包围节间基部；孢子囊穗顶生，顶端有小尖突，无柄。

单生或节上有轮生分枝

生长周期： 3月初开始萌芽，11月霜冻后开始枯萎，进入休眠期。

生长环境： 喜光，稍耐阴，在全日照和稍有遮阴处长势均好；喜水湿环境，也耐干旱。

繁殖方式： 有性繁殖和无性繁殖均可。有性繁殖选择生长健壮、成熟的孢子叶做繁殖材料。无性繁殖采用扦插繁殖，初期应适当遮阴，生根后加强追肥。

种植要领： 种植密度可根据容器的规格进行调整，通常以每平方米6~9丛、每丛20~30芽为宜；整个植株的生长期皆可进行

移植；水体或陆地皆可种植，其中水体深度约为40厘米，软质或沙质底泥均可。

养护管理： 生长期需要保证充足的光照和水分，可适当地施加氮磷钾复合肥，促进生长；11月霜冻后需及时清理枯萎残枝。

药用价值： 全草可入药，能散风、收敛止血，有抗病毒作用。常用于扁平疣、寻常疣、传染性软疣等疾病的治疗。

观赏价值： 形态别致，可作为盆栽观赏，也可用来分隔空间或片植、丛植于水际线，搭配黄菖蒲、路易斯安那鸢尾等植物，

孢子囊穗顶生

斑纹木贼

更有层次，造景美感更加突出。

分布区域： 分布于我国东北、华北、西北、西南、华中等地。日本、朝鲜，以及欧洲、北美洲等地也有分布。

园艺种类： 斑纹木贼。斑纹木贼与木贼同为木贼属，形态较为接近，但是斑纹木贼主枝较为细小，中部直径仅有1~4毫米，高18~50厘米，根茎直立或横走，呈黑棕色，节和根有黄棕色长毛；主要生长在海拔1500~3700米的山坡阴湿处、河岸湿地、溪边；喜阴湿的环境，耐阴，多分布于吉林、内蒙古、新疆、四川等地。

在每个节上合生成筒状叶鞘（鞘筒）包围节间基部

茎部轮生分枝

陆地种植木贼，可作为园林造景的一部分

木贼以地上部分入药，主目疾，可退翳膜，消积块，益肝胆，疗肠风，还能止痢

水蕨 *Ceratopteris thalictroides*

又名龙须菜、龙牙草、水芹菜 / 多年生挺水草本 /
水蕨科，水蕨属

幼叶多汁柔软

短而直立的茎

水蕨根状茎短而直立，顶端疏生有宽鳞片；植株幼嫩时呈绿色，多汁柔软。叶二型，簇生，叶片直立或幼时漂浮；叶片边缘薄而透明，反卷至中脉，如假囊群盖；叶柄基部无关节，腹面扁平，背面圆形有纵脊；叶干后为软草质，绿色，两面均无毛。孢子囊大，圆球形，幼时为反卷的叶边覆盖，成熟后略张开。

生长周期： 5月初孢子萌发，8~10月孢子成熟，10~11月枝叶枯萎。

生长环境： 常生长于池沼、水田或水沟的淤泥中，有时漂浮于深水面上，适应性强，可因生长环境不同而改变；喜热耐寒，喜水耐旱，也耐阴。

繁殖方式： 有性繁殖和无性繁殖均可。有性繁殖选择生长健壮、成熟的孢子叶做繁殖材料。无性繁殖利用营养叶裂片缺裂处能自然长出繁殖芽的特点，用剪刀剪下繁殖芽种植于苗床即可。

种植要领： 要求水质不能过于缺乏营养，水体深度

在30厘米以内，底泥以软质为宜；种植宜选6~8月生长期进行；种植密度每平方米约25株即可；可用圈养法进行大片种植。

养护管理： 浮水圈养时要防止逸出圈外；冬季枯死后要及时打捞清理。

药用价值： 性凉，味

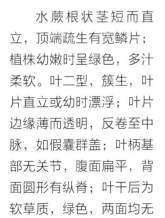

簇生叶，二型

水蕨常用于鱼缸装饰，沉水种植

甘，整株入药有明目、镇咳、化痰的功效。还可以将水蕨捣碎后外敷伤口，对治疗跌打损伤、外伤出血等有一定的帮助。

观赏价值：水蕨可种在水缸、花坛等大型的水形容器中，作为盆栽观赏。亦可孤植于园林水景小品、庭园水池中。片植可用圈养法将水蕨种植在景观水池或湖泊中，用来营造美丽的水面景观，水际线区域可与睡莲、王莲、满江红、黄花水龙、象耳草等搭配；水深梯度区域可与路易斯安那鸢尾、海寿花、再力花、千屈菜、水葱、斑茅、细叶芒等搭配。

食用价值：水蕨含有胡萝卜素、蛋白质、钙、粗纤维、铁等人体所需的营养元素，是一种营养价值较高的食用型水生植物，口感嫩滑，味道独特，炒食、凉拌、做汤均可。

分布区域：我国江苏、安徽、福建、台湾、广东、广西、湖北、四川、云南、山东等地均有分布。热带及亚热带地区多见。

园艺种类：粗梗水蕨。多年生中型蕨类，挺水或浮叶，植株高28~55厘米，根状茎短而直立。叶片呈阔状三角形，羽状深裂，裂片3~7枚。叶柄粗壮，柄内海绵细胞含有空气，使整个植株漂浮于水面。株形美观，常栽培于园林水景中，也适合岸边、塘边和池边，常列植或成片栽培，还可在小型水景中孤植，是常用的鱼缸植物。

浮水水蕨

水蕨孢子叶反卷，根常着生于底泥中

水蕨可室内养殖，与睡莲等植物配合，能够美化环境

象耳草 *Echinodorus cordifolius*

又名女王草 / 多年生挺水草本 /
泽泻科，肋果慈姑属

莲座状，长心
形或长椭圆形

叶柄长5~
15厘米

象耳草也称女王草，植株高大，整体呈深绿色至绿色。叶基生，莲座状排列，长心形或长椭圆形，叶长10~20厘米，叶宽6~10厘米，水中叶略为加长，叶宽略为缩减；叶柄长5~15厘米。花茎挺出水面，长约100厘米，开白色小花，数朵至数十朵。结球形瘦果，每果含有种子数粒。

生长周期： 5月下旬始花，7~8月进入盛花期，8~10月为果期，霜冻后部分枝叶开始逐渐枯萎，植株进入休眠期。

生长环境： 喜温热气候，稍耐寒，在水位较高处和潮湿的土壤中长势良好，生长适应性强，在水深80厘米的水体中亦能存活，可同时作为沉水、浮叶植物栽培。

繁殖方式： 有性繁殖和无性繁殖均可。有性繁殖时种子可随采随播，也可等到翌年春季进行播种。象耳草的种子细小，播种时可与细沙掺拌，方便播种。无性繁殖多采用分株和扦插的方法，其中扦插法的成活率要高于分株法；选择强壮的花茎作为插穗，分段后，将节段横卧，节部插入苗床或水中，等待发芽生根即可。

种植要领： 育苗后采用移植法来移植幼苗，每平方米的密度为12~16株，幼苗移植选择3~10月的萌芽期及生长期均可；作为挺水植物栽培，水体深度在80厘米以内；作为浮叶植物栽培，水深不超过120厘米，选pH值为6.0~8.0的软质底泥。

养护管理： 萌芽期及生长期应注意防治虫害及食草动物的伤害；象耳草的生长适应性强，片植时还应注意控制植株的生长范围，防止植株蔓延。

观赏价值： 象耳草的植株整齐，叶片宽大，叶片随

小花数朵至数十朵，白色

成片种植的象耳草，在夏季能给人清幽之感

着生长期的不同，可从酒红色变成绿色，形态十分多样。象耳草既可孤植于水族箱中，又可作为水际线绿化片植或丛植，还可与水葱、菖蒲、蘸草、水毛花等植物搭配运用，从湿地到水岸线，颜色的变化及植株的高低错落，都极富韵味。

水族箱养护要点： 用象耳草装饰水族箱，需要保证水中养分的充足，否则极易导致叶色苍白或根部枯死，在栽培过程中需要添加根肥促进其生长。除此之外，在栽培初期，光线最好强一些，当象耳草逐渐长出椭圆形的水中叶时，再降低光照。注意，水族箱水体深度应在45厘米以上。

分布区域： 分布在南美洲与西印度地区。我国华东及其以南地区也有栽培。

园艺种类： 长象耳草。叶片是深绿色，呈心形，叶柄较为粗壮，叶幅宽大，有5~7条明显的叶脉，叶片挺拔。基生叶，有须根系，株高可达50厘米。花白色，直径3厘米左右，花瓣3枚，花期较长，在6~10月均可开花。

扁叶慈姑。原称少花象耳草，株高60厘米左右。叶基生，莲座状排列，有长柄，心形至长心形，挺水叶长20~80厘米，宽6~10厘米；总状花序，总花序梗长1米左右；小花直径8~10毫米，白色，挺水开放。花期4~10月。该种已成为外来入侵种。

象耳草的花白色，挺水开放

盆栽象耳草可水生，也可以栽种在泥土里，适应性非常强

长象耳草叶片是深绿色，呈心形，叶柄较为粗壮

象耳草可沉水养殖在鱼缸中

慈姑 *Sagittaria trifolia* subsp. *leucopetala*

又名华夏慈姑、白地栗 / 多年生挺水草本 /
泽泻科，慈姑属

挺水叶为箭形，叶片
长短、宽窄不等

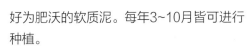

慈姑根状茎横走，较粗壮，末端膨大或不膨大。挺水叶为箭形，叶片长短、宽窄变异很大，通常顶裂片短于侧裂片，比值1：1.2~1：1.5，有时侧裂片更长，顶裂片与侧裂片之间或有缢缩；叶柄基部渐宽，鞘状，边缘膜质，有横脉，或不明显。花葶直立，挺出水面，高20~70厘米，较为粗壮；花序总状或圆锥状，长5~20厘米，有分枝，有花多轮，每轮2~3花，花单性，花药黄色，花丝长短不一。瘦果两侧压扁，长约4毫米，宽约3毫米，倒卵形；种子褐色。

生长周期： 2月底至3月初开始萌芽，5~10月进入花果期，12月前后开始逐渐枯萎。

生长环境： 慈姑有很强的适应性，在陆地上各种水面的浅水区均能生长。喜光照充足、气候温和、背风的生长环境，喜土壤肥沃，在土层不太深的黏土中亦能生长。

繁殖方式： 有性繁殖和无性繁殖均可。慈姑的种子细小，播种的难度较高，一般多采用无性繁殖，取上年形成的种球，自然抛撒于水中，约一周就可发芽。

种植要领： 慈姑的移植最好选择相对较小的幼苗，以每平方米9~20株的密度种植在水深不超过55厘米的水体中，底泥最

花葶直立，
挺出水面

好为肥沃的软质泥。每年3~10月皆可进行种植。

养护管理： 慈姑主要病害是叶黑粉病，为真菌病，多发生在高温多湿季节，叶片出

叶挺出水面

花白色，花药黄色

现黄色突起疱斑，内有黑点，可及时清除病叶、老叶，用代森锌液喷雾防治，通常每隔10天左右喷1次，连续喷2~3个周期即可。

药用价值：慈姑性微寒，味苦，有解毒利尿、散热消结、强心润肺之功效，可治疗肿块疮疖、心悸心慌、水肿、肺热咳嗽、喘促气憋、排尿不利等症。

营养价值：慈姑含B族维生素较多，能维持身体的正常功能，增强肠胃的蠕动，增进食欲，促进消化，对预防和治疗便秘有一定的功效。此外，慈姑还富含淀粉、蛋白质和钾、锌等微量元素，对人体机能有调节作用。但是慈姑不能生吃，需要煮熟后食用。

观赏价值：慈姑叶片秀丽，全株绿色，植株大型，可丛植或片植于湖畔、河流沿岸等水际线区域，适宜与菖蒲、水葱、野茭白、水毛花、蘸草等箭形叶的挺水植物搭配，呈现给人的视觉效果飘逸而灵动，极富江南水乡淡雅宜人之韵味。

分布区域：在我国主要分布在长江以南各地，日本、朝鲜亦有栽培。

园艺种类：大慈姑。植株高40~70厘米，侧裂片等长于顶裂片，叶柄圆柱形，中空。花瓣白色，具红色斑点。花期长，适宜丛植或片植，也可盆栽观赏，常用于湿地景观的营造。

野慈姑。多年生挺水草本。根状茎横走，较粗壮，末端膨大。挺水叶箭形，叶片长短、宽窄变异很大。在我国大部分地区均有栽培。

利川慈姑。圆锥花序，长15~20厘米，有花4至多轮，每轮有2~3朵花。多生于沼泽、山间盆地、沟谷浅水湿地及水田中；叶腋间的珠芽可进行无性繁殖。在我国主要分布在浙江、湖北、江西、福建、广东等地。

矮慈姑。别称凤梨草、瓜皮草、线叶慈姑，为一年生草本，多生于浅水池塘、沼泽及稻田中。植株矮小，叶色宜人，无论是地栽还是盆栽，均能够给环境增添野趣，带来绿意。矮慈姑主要分布于朝鲜、日本、越南、中国等地。入药有清热、解毒、利尿等功效。

球茎耐储存，营养丰富，口感好

利川慈姑多生于沼泽、山间盆地、沟谷浅水湿地及水田中

慈姑的花序

野慈姑的花序

大慈姑

大慈姑的花序

利川慈姑特有的珠芽

野慈姑挺水叶箭形

慈姑的挺水叶

野外的利川慈姑

野外生长的野慈姑

郁郁葱葱的慈姑

马蹄莲 *Zantedeschia aethiopica*

又名慈姑花、水芋、海芋百合、花芋 /
多年生挺水草本 / 天南星科，马蹄莲属

亮白色花

叶质较厚，心状
箭形或箭形

马蹄莲有块茎，容易分蘖形成丛生植物。叶基生，叶下部有鞘；叶片较厚，绿色，心状箭形或箭形，先端锐尖、渐尖或有尾状尖头，基部心形或戟形，全缘。花序柄长40~50厘米；佛焰苞长10~25厘米，管部稍短，黄色；檐部略后仰，锐尖或渐尖，有锥状尖头，亮白色，有时略带绿色；肉穗花序圆柱形，黄色。浆果呈短卵圆形，淡黄色，直径1~1.2厘米；种子为倒卵状球形。

生长周期： 3~4月开始萌芽，5~9月迎来盛花期，6~10种子逐渐成熟，11月霜后地上部分枝叶开始逐渐枯萎，地下根茎可越冬；在南方气候温暖地区和室内栽培的情况下，可全年生长开花。

生长环境： 喜疏松肥沃、腐殖质丰富的黏壤土，喜温暖、湿润和阳光充足的环境；不耐寒，喜水，不耐旱。

繁殖方式： 以无性繁殖为主。植株进入休眠期后，剥下块茎四周的小球，另行栽植。也可播种繁殖，种子成熟后可立即播种，发芽适温20℃左右。

种植要领： 热带地区马蹄莲全年均可进行移植，水体深度以40厘米左右为宜，宜选择基质较软且肥沃的底泥；种植密度每平方米6~9丛皆可。

养护管理： 马蹄莲越冬时，应抽干水体，对其根部进行培土，保证越冬期根茎不受寒流侵袭。

观赏价值： 马蹄莲挺秀雅致，花苞洁白，宛如马蹄，叶片翠绿，缀以白斑，可谓花叶两绝。配植于庭园，尤其丛植于水池或堆石旁，开花时非常美丽。常用于制作花束、花篮、花环和瓶插，进行室内装饰。

分布区域： 原产于非洲东北部及南部；现在我国北京、江苏、福建、台湾、四川、云南及秦岭地区均有栽培。

肉穗花序圆柱形，黄色

在保证土壤湿度的前提下，
马蹄莲也可以实现陆地种植

黄花马蹄莲，叶面有半透明
白色斑点，花色深黄

红花马蹄莲，花色
粉红至深红或紫色

丛植马蹄莲时泥土宜疏松肥沃，多加些草木灰
等钾肥，能使叶片油绿，叶柄挺劲，不易倒伏

银星马蹄莲，叶面有银色
斑点，花白色或淡黄色

绿梗马蹄莲块茎较大，长势强，
花较小，每株能开 3~4 朵

叶形似箭，高挺秀丽

路易斯安那鸢尾

Iris fulva 'Louisiana Hybrids'

又名常绿水生鸢尾 / 多年生挺水常绿草本 /
鸢尾科，鸢尾属

地下根茎呈扁圆形棍棒状，根茎长约30厘米，粗2厘米左右；有12~20个节，每节都能长出须根；根茎的顶芽一般第二年开花，侧芽则成为营养株，而中下部芽多数为休眠芽。花单生，为蝎尾状聚伞花序，有花4~6朵；旗瓣（内瓣）3枚，垂瓣（外瓣）3枚，雌蕊瓣化。单花寿命2~3天，单花序花期12~15天。蒴果卵状圆柱形、长网形或六棱形，每果有种子30粒左右。现有品种约4000个。

生长周期： 3月中旬前后进入旺盛生长期，4月拔节抽出花序，5月中旬盛花期，8月果期后进入休眠期，叶先端开始枯黄，9月下旬则开始重新萌发新芽，一直至翌年春季；但在1~2月低温时期生长缓慢。北方地区于秋后进入休眠期，直至翌年春季。

生长环境： 耐湿也耐干旱，湿地生长要优于旱地，在水深30~40厘米水域发育健壮。南方地区冬季停止生长，但叶仍保持翠绿。

繁殖方式： 有性繁殖和无性繁殖均可。路易斯安娜鸢尾种子没有自然休眠期，可以随采随播，9~10月秋播有利当年成苗。因秋季会发生许多萌蘖，分株繁殖可以在10月或2~3月进行。将根茎切断，每段保留3~6节，插于苗床即可。

种植要领： 可水植亦可陆植，水生种植时水体深度控制在40厘米以内；陆生种植宜选择落叶树林下种植。植株的移植宜选在生长期进行，此时植株新陈代谢较快，移植后的成活率较高。移植密度为每平方米16~25丛，每丛3~5芽。

观赏价值： 路易斯安那鸢尾的花色十分丰富，有紫色、红色、蓝色、白色、黄色及混色，绚丽多彩，花大似蝶，叶形似箭，高挺秀丽。适宜片植于湖泊、河道等中大型水系和居住区、公园等小水系的岸边。路易斯

蝎尾状聚伞花序，单花寿命 2~3 天

混色的花色繁多，开花时美不胜收

安那鸢尾有一定的耐旱性，可在水位线上下种植，营造别样的湿地美景。

分布区域：原产于美国密西西比河三角洲地带；现在我国华东、中南地区均有栽种。

蒴果卵状圆柱形、长网形或六棱形

丛植开花后非常美丽

蓝色的路易斯安那鸢尾，不同品种的花期可以相差 10~30 天

白色的路易斯安那鸢尾能为湿地景观带来别样的风景

紫色花朵优雅大气，鸢尾之名来源于希腊语，意思是彩虹

混色花朵显得生机盎然，更加凸显了鸢尾花的彩虹含义

海寿花 *Pontederia cordata*

又名梭鱼草 / 多年生挺水草本 /
雨久花科，梭鱼草属

植株高达150厘米左右，地茎叶丛生，圆筒形叶柄呈绿色，叶片较大，深绿色，表面光滑，叶形多变，多为倒卵状披针形，长10~20厘米。花葶直立，常高出叶面，穗状花序顶生，每条穗上密密地簇拥着几十至上百朵蓝紫色的圆形小花，上方两花瓣各有两个黄绿色斑点，质地呈半透明状。

淡蓝色的顶生花穗

叶深绿色，光滑，多为倒卵状披针形

花葶直立，挺出水面

生长周期： 2月底至3月初开始萌芽，5月中旬进入盛花期，花期可一直延续至10月底，11月底叶片逐渐开始枯萎。

生长环境： 喜温暖，喜阳光充足，喜肥沃，喜湿，不耐寒，在静水及水流缓慢的水域中均可生长，适宜在55厘米以下的浅水中生长，适生温度在15~30℃，越冬时根茎处温度不宜低于5℃。

繁殖方式： 有性繁殖和无性繁殖均可。有性繁殖一般在春季进行，种子发芽温度需保持在25℃左右。无性繁殖以分株法较为常用，可在春、夏两季进行，自植株基部切开即可。

种植要领： 3~10月生长期可采用移植法进行栽种，通常水体深度不超过55厘米，以软质底泥为宜，pH值为6.0~8.5。

养护管理： 秋后枯萎的枝叶应及时清理，以减少休眠期的养分消耗，让第二年的萌发更顺利。

观赏价值： 海寿花叶色翠绿，花色迷人，花期较长，可用于家庭盆栽、池栽，也可广泛用于园林美化，栽植于河道两侧、池塘四周、人工湿地，与千屈菜、芦竹、水葱、再力花等相间种植，每到花开时节，串串紫花在片片绿叶的映衬下，别有一番情趣。

生态价值： 海寿花对污水中的重金属有很强的富集能力，是净化重金属污水的优良水生植物。

分布区域： 我国除东北地区外，各地区均有栽植。适宜用于人工湿地和人工浮岛。

园艺种类： 白花海寿花。花为白色，叶片呈宽卵形，喜温暖湿润、阳光充足的生长环境，适生于水深80厘米以内的水体中，底泥可选软质或沙质。白花海寿花的植株分生力强，栽培密度要小，生长期应注意控制其蔓生范围。

剑叶梭鱼草。形态高

花穗上密集生有几十至上百朵蓝紫色的小花

大，较为粗壮，叶片呈箭形，长宽比略小。剑叶梭鱼草更喜温热气候，耐寒性略差，喜肥，在肥沃的土壤中长势良好。剑

叶梭鱼草的植株浓密繁茂，花为蓝紫色，在绿色叶片的衬托下更显明亮惹眼。

叶柄呈圆筒形，叶片较大

水际线区域的小面积片植，是良好的园林景观

剑叶梭鱼草与同属的海寿花较为接近，但其植株更为粗壮，也更高大

穗状花序顶生

白花海寿花花为白色，叶为宽卵形

三白草 *Saururus chinensis*

又名三张白、白头翁 / 多年生挺水草本 /
三白草科，三白草属

高约1米，茎粗壮，有纵长粗棱和沟槽，下部伏地，上部直立。单叶互生，纸质，生有密集的腺点，呈阔卵形至卵状披针形，长10~20厘米，宽5~10厘米，顶端短尖或渐尖，基部心形或斜心形，两面均无毛。

单叶互生，呈纸质

叶片为阔卵形至卵状披针形

三白草中药

生长周期： 花期为4~6月，果期8~9月，10~12月开始逐渐枯萎。

生长环境： 喜光耐阴，喜热且有很好的耐寒性，多生于低湿沟边、塘边或溪旁，也可生长在湖泊浅水区或常年积水、腐殖质较多的沼泽地带。

繁殖方式： 有性繁殖和无性繁殖均可。有性繁殖于3~4月进行，播种1个月后便可发芽。无性繁殖可用地下茎或地上茎部作为插条进行繁殖，其中用地下茎扦插应在4月初进行，选用潮湿地作为苗床；地上茎扦插可在6~8月进行，选长势较好的地上茎做插穗，待生根发芽后再进行培苗移植。

种植要领： 三白草喜肥，水体种植时以软质底泥为宜，水深最好不要超过50厘米，陆地种植时用疏松的黏性壤土即可；种植时间可选在5~9月的生长期进行；种植密度以每平方米16~25丛、每丛2~3枚芽为宜。

养护管理： 萌芽期及生长期应注意及时清除杂草，避免虫害；霜后要修剪残枝，减少越冬时的养分流失。

药用价值： 三白草可全草入药，内服有清热解毒、利尿消肿等功效，可辅助治疗尿路感染、尿道结石、肾炎水肿、白带过多、支气管炎等；外敷可治皮肤湿疹。

实用价值： 三白草的嫩叶能当蔬菜食用，它营养价值很高，保健功效出色，能为身体补充大量的槲皮苷及一些维生素和矿物质，提高身体素质的同时还能清理身体内的毒素，增强肠道功能，其清肠排毒的功效十分出色。

观赏价值： 三白草株丛茂盛，白色苞片，映衬在翠绿的枝叶中间，显得格外清爽雅致，在水生植物中显得十分难得。三白草可片植或与菖蒲、海寿花等混种，使造景效果的层次更丰富；亦可小丛种植于花境或庭院水池旁。

分布区域： 在我国主要分布于河北、山东、河南，以及长江流域及其以南各地；日本、菲律宾、越南等国也有分布。

顶端叶片在花期为白色

垂柳 *Salix babylonica*

又名倒挂杨柳、柳树 / 落叶挺水乔木 /
杨柳科，柳属

垂柳是常见的树种之一，小枝细长下垂，淡黄褐色、淡褐色或略带紫色。叶互生，披针形或条状披针形，长8~16厘米，先端渐长尖，基部楔形，无毛或幼叶微有毛，有细锯齿，托叶披针形。花序先叶开放，或与叶同时开放。蒴果长3~4毫米，绿黄褐色。

嫩叶为淡黄绿色

披针形或条状披针形的叶片

花序淡黄绿色，先叶开放，或与叶同时开放

枝条细长，下垂

生长周期： 2月底至3月初萌芽，3~4月进入花期，4~5月为果期，11~12月开始落叶，进入休眠期。

生长环境： 性喜水，喜温暖湿润的气候及潮湿深厚的酸性及中性土壤；较耐寒，耐水湿，多生长于河流、湖畔、池塘、水渠等水系边。

繁殖方式： 繁殖以扦插为主，也可用种子繁殖。

种植要领： 在水深100厘米以内，潮湿地、季节性淹水区、陆地都可种植；应带土球移植，株距保持在5~8米。

养护管理： 危害垂柳的虫害主要有柳树金花虫和蚜虫。可在3月上中旬喷3~5次石硫合剂，4月上中旬喷25%的灭幼脲三号2000倍液防治。

经济价值： 木材可制家具；枝、芽、叶可入药，有祛风止痛、利湿解毒等功效。

观赏价值： 枝条细长，生长迅速，自古以来深受人们喜爱。宜培植在水边，如桥头、池畔、河流、湖泊等水系沿岸处。与桃花间植可形成桃红柳绿之景，是江南园林春景的特色培植方式之一；也可作庭荫树、行道树。垂柳还是固堤护岸的重要树种。

分布区域： 广泛分布在我国各地。

柳树的嫩叶可以与花序一起采下食用，可清热解毒

水际线种植的垂柳是公园中常见的景观

黄花蔺 *Limnocharis flava*

一年生或多年生挺水草本 / 泽泻科，黄花蔺属

叶柄粗壮，三棱形；叶片卵形至近圆形

叶丛生，挺出水面；叶片卵形至近圆形，长6~28厘米，宽4.5~20厘米，呈亮绿色，先端圆形或微凹，基部钝圆或浅心形，背面近顶部有1个排水器；叶柄粗壮，呈三棱形，长20~65厘米。花葶基部稍扁，上部为三棱形，长20~90厘米；伞形花序，有花2~15朵。

伞形花序，花为黄绿色

黄花蔺的嫩叶、花朵可食用

生长周期： 5月开始萌芽，7月下旬至9月进入盛花期，9~10月果实成熟，可以开始采收种子。

生长环境： 喜热不耐寒，在20~32℃的温度内长势良好，温度超过38℃时生长缓慢；喜偏酸的基质，土壤pH值为4.5~7.0都能正常生长；多于沼泽地或浅水中成片生长。

繁殖方式： 有性繁殖为主。春季将种子进行人工催芽后，在水箱中播种育苗。催芽温度25~28℃，相对湿度80%，发芽率较为理想。待幼苗长出小钱叶(浮叶)时可进行移植，行距为10厘米，株距为15~20厘米，待

植株生长到4~6片挺水叶时出圃。

种植要领： 尽量选择营养丰富的软质底泥或肥沃土壤进行种植。种植密度为每平方米16~25株。种植季节以5~8月的生长期较好。

养护管理： 黄花蔺对肥力要求较高，若土壤肥沃则花多，色彩艳丽，花期长，整个植株生长旺盛，观赏期长；肥少则植株生长弱或差，叶小而色泽不正常，开花少或不开花，从而失去观赏价值，因此养护期应注意

及时补充养分。

观赏价值： 黄花蔺是盛夏水景绿化的优良材料。其植株株形奇特，叶黄绿色，叶阔；花黄绿色，花朵繁茂，花期长，整个夏季可开花不断。既可单株种植或3~5株丛植，也可成片布置。

分布区域： 在我国云南西双版纳和广东沿海岛屿有栽培；缅甸、泰国、斯里兰卡、马来西亚、印度尼西亚，以及美洲热带地区分布较为普遍。

叶丛生，挺水

黄花蔺盆栽

水蓼 *Persicaria hydropiper*

又名辣蓼、虞蓼、蔷蓼、泽蓼、蓼芽菜 /
一年生挺水草木 / 蓼科，蓼属

总状花序呈穗状，花稀疏

茎直立，多分枝

株高40~70厘米。茎直立，多分枝，有节，节部膨大。叶为披针形或椭圆状披针形，顶端渐尖，基部楔形，边缘全缘，有缘毛，被生褐色小点。总状花序呈穗状，顶生或腋生，花稀疏；苞片漏斗状，绿色，边缘膜质，疏生短缘毛，每苞内有3~5花；花梗比苞片长；花被5深裂，稀4裂，绿色，上部白色或淡红色，有黄褐色透明腺点。瘦果卵形。

生长周期： 南方地区于2月底至3月初开始萌芽，5~10月进入花果期，第二年1月开始枯萎；北方地区于3月底至4月初开始萌芽，6~9月进入花果期，10月底开始枯萎。

生长环境： 喜湿润，也能适应干燥的环境，对土壤肥力要求不高，喜阳光充足；多生长在海拔50~3500米的河滩、水沟边、山谷湿地或水中。

繁殖方式： 有性繁殖。播种时间为4月下旬到5月上旬，水蓼种子小、顶土能力弱，播前将种子放在15~20℃的水中浸泡3~5天，苗床浇透水，盖土要薄，采用直播更有利于出苗。待叶子长到3~4枚时，可移植到营养钵培育容器苗。成活1月后便可出圃。

种植要领： 种植密度以每平方米9~16株为宜，水深宜在50厘米以内。旱地种植宜选用保水性能较好的土质。

养护管理： 关键是土壤水分管理和杂草防治工作，后期的虫害防治也要注意。

药用价值： 水蓼全草入药，有消肿解毒、利尿、止痢等功效。

观赏价值： 水蓼的生长速度快，花期长，开花繁茂，颜色漂亮，盛花期尤为壮观，是水际线配置中应用的好材料。既适合片植、丛植，也适合孤植于假山、亭台等建筑物、构筑物旁。

分布区域： 分布于中国各地。朝鲜、日本、印度尼西亚、印度等国多见，欧洲及北美洲也有分布。

水蓼是一种中药，为蓼科植物水蓼的地上部分

既适合片植、丛植，也适合孤植

51

水生美人蕉 *Canna glauca*

又名佛罗里达美人蕉 / 多年生挺水草本 /
美人蕉科，美人蕉属

株高1~2米；叶片长披针形；总状花序顶生，多花；雄蕊瓣化；花径约10厘米；花呈黄色、红色或粉红色；温带地区花期4~10月，热带和亚热带地区全年开花；地上部分在温带地区的冬季枯死，根状茎进入休眠期，热带和亚热带地区终年常绿。水生美人蕉与美人蕉属下其他种在形态和生物学特性上的最大区别是水生美人蕉的根状茎细小，节间延长，耐水淹，在50厘米深的水中能正常生长。

生长周期： 3月上旬开始萌芽，5~11月进入盛花期及果期，12月霜冻后，地上部分开始枯萎。

生长环境： 喜光，怕强风，适宜于潮湿及浅水处生长，肥沃的壤土或沙土都可保证其良好的长势。

繁殖方式： 有性繁殖和无性繁殖均可。有性繁殖可在3~4月于室内进行播种，播种前需用钢锉锉破种皮，用温水浸泡1天，然后控干水再进行播种。无性繁殖可用分割块茎方式进行栽植，于3~4月挖出块茎，分割后保证每个块茎有2~3个健壮的芽子，作为插穗进行扦插即可。

总状花序顶生，花数多

叶表面着灰白色粉，平行叶脉

种植要领： 可陆地或水体种植，水体种植以水深55厘米以内为宜，基质以软质或沙质底泥为佳；种植密度为每平方米5~6丛，每丛8~10芽。

养护管理： 水生美人蕉需要注意保持水体清洁，及时打捞浮萍，清除杂草；南方地区还需注意螺类的侵害。

观赏价值： 水生美人蕉叶茂花繁，花色艳丽而丰富，花期长，适合大片种植于水岸湿地，也可点缀在水池中。水际线区域可与香蒲、水葱、水烛等植物搭配运用；水深梯度上可与睡莲搭配。

生态价值： 能吸收汽车尾气中的数种有害气体，因此，它是净化空气的良好作物；此外，它对硫、氯、氟、汞等有害物质有一定的耐受性和吸收能力。

分布区域： 原产于南美洲，现在世界很多地区均有引进种植。

粉花水生美人蕉

蒴果，密生棘突

种植于陆地的水生美人蕉

成片种植的水生美人蕉

花朵颜色鲜艳，是野外一道靓丽的风景

玫红水生美人蕉

靓黄水生美人蕉

再力花 *Thalia dealbata*

又名水竹芋、水莲蕉、粉叶塔利亚 /
多年生挺水草本 / 竹芋科，水竹芋属

复穗状花序生于总花梗顶端

根状茎发达，须根密布。高达1~2.5米，全株有白粉。叶4~6枚基生；叶片硬纸质，卵状披针形至长椭圆形，长20~60厘米，宽10~20厘米，先端锐尖，基部圆钝；边缘紫色，全缘。叶柄长40~80厘米，下部鞘状，基部略膨大。复穗状花序生于总花梗顶端。蒴果近球形或倒卵状球形，长0.9~1.2厘米，浅绿色，熟时顶端开裂。

生长周期： 2月下旬出现萌芽，5月进入花果期，10月果期结束，至11月中旬枝叶开始逐渐枯萎，入冬后地上部分逐渐枯死，根茎在泥中越冬。

生长环境： 喜温暖，喜水湿、阳光充足的环境，不耐寒冷，不耐干旱，耐半阴，在微碱性土壤中生长良好；多生长于河流、水田、池塘、湖泊、沼泽及滨海滩涂等水湿低地，适生于缓流和静水水域，从水深60厘米浅水水域到岸边皆可生存。

繁殖方式： 有性繁殖和无性繁殖均可。有性繁殖时，种子成熟后随采随播，通常以春播为主，播后保持湿润，发芽温度16~21℃，约15天后发芽。无性繁殖时，将生长过密的株丛挖出，掰开根部，选择健壮株丛分别栽植；或者以根茎分株繁殖，初春从母株上割下带1~2个芽的根茎，栽入盆内，施足底肥，放进水池养护，待长出新芽，移植于池中生长。

种植要领： 再力花的长势强，因此种植不宜过于密集，以每平方米3~4丛、每丛10~15芽为宜；再力花适合采用移植法进行栽种，在水系岸边或地下水位较高的潮湿地带生长尤为旺盛；水体种植时，要求水深不超过55厘米。

养护管理： 日常养护时应注意水位管理，其中春季以浅水为主，以提高基质的温度，促进生根发芽；夏季则以深水为主，以防水温过高而伤害植株；秋冬季适当控水，以利其安全过冬。

观赏价值： 再力花的花朵、叶子都有着极高的观赏价值，最具有特点的就是再力花的植株每年有三分之二的时间保持绿色，花期长，花朵和花茎的形态都十分漂亮优雅，大规模地片植于湖泊、水岸边，翠绿无比，飘逸美丽。因此，再力花素有"水上天堂鸟"的美誉。

分布区域： 原产于美国南部和墨西哥，现在我国大部分地区均有栽培。

花朵和花茎的形态都十分优雅

花葶伸出水面，高挺直立，高可达 3 米

在相对狭小的水面，再力花一般采用丛植的方式

再力花大规模地片植于湖泊、水岸边，还能与睡莲等浮叶植物配置

纸莎草 *Cyperus papyrus*

又名纸草、埃及莎草 / 多年生挺水草本 /
莎草科，莎草属

钝三棱形的茎
秆粗壮、直立

呈伞状簇生的总苞片

有粗壮的根状茎，高2~3米，茎秆簇生，粗壮，直立，钝三棱形。叶退化呈鞘状，茎秆顶端着生总苞片3~10枚，呈伞状簇生，总苞片叶状，披针形，顶生花序伞梗极多，细长下垂。瘦果灰褐色，椭圆形。

生长周期： 3月上旬萌芽，6~7月进入花果期，秋末冬初地上部分枝叶逐渐开始枯萎，整体进入休眠期。

生长环境： 喜温暖及阳光充足的环境，稍耐阴，要求土壤肥沃，在微碱性和中性土壤中长势良好，也能耐贫瘠。喜水但也耐一定的干旱，也可在潮湿地上正常生长。

繁殖方式： 有性繁殖和无性繁殖均可。只要气温允许，有性繁殖全年均可播种、育苗。但以无性繁殖为主，主要采用分株法，在生长季按丛起苗，按2~3芽分成一丛后种植于苗床中，株行距为40厘米×50厘米，其间需加强水肥、温度和光照管理；扦插法于夏季进行，选开花前健壮枝上带茎的顶梢，取长3~5厘米的段作插穗扦插。

种植要领： 育苗期后可采用移植法进行栽种，通常在4~10月生长期进行，种植密度为每平方米2~4丛；水体种植的深度不要超过50厘米，底泥以软质为宜，肥力要足。

养护管理： 纸莎草的耐寒性较差，北方地区应将其地下部分挖出，放入温室或地窖进行保存。

观赏价值： 纸莎草可以丛植、片植，常用于路边、桥头、亭角、廊边、榭旁等处。水际线处与再力花、红鞘竹芋、红秆慈姑、长象耳草、水生美人蕉、大慈姑、金线水葱等配置较为相宜；水深梯度配置与剑叶梭鱼草、标枪灯心草、热带睡莲、王莲等较为相宜。

经济价值： 纸莎草晒干的茎秆可用来生火或建房，其内秆可做灯芯用于照明。纸莎草的表皮可用于编织篮子、草席、缠腰布、草鞋、鸟笼或漏勺等日用品。其根还可提取香料，能驱赶蚊蝇等。

分布区域： 原产于非洲埃及、乌干达、苏丹及西西里岛，现我国亚热带南部地区有栽培。

花序细长下垂

水毛花 *Schoenoplectiella mucronata*

又名席草、茫草 / 多年生挺水植物 /
莎草科，萤蔺属

根状茎粗短，有细长的须根。秆丛生，稍粗壮，高50~120厘米，呈锐三棱形，基部有2个叶鞘。苞片1枚，为秆的延长，直立或稍展开；有小穗5~9，聚集成头状，假侧生，卵形、长圆状卵形、圆筒形或披针形，顶端钝圆或近于急尖，有花多数；鳞片卵形或长圆状卵形，顶端急缩成短尖，近于革质，有红棕色短条纹；下位刚毛6条，有倒刺。小坚果倒卵形或宽倒卵形，扁三棱形，成熟时暗棕色，具光泽，稍有皱纹。

花多数，生有卵形或长圆状卵形的鳞片

秆稍粗壮，呈锐三棱形

生长周期： 南方地区在2月底至3月初萌芽，5~9月进入花果期，11月初开始枯黄；北方地区3月底至4月初开始萌芽，5月下旬至9月初为花果期，10月中旬开始枯黄。

生长环境： 多生于海拔1500米以下的水塘边、沼泽地、溪边牧草地、湖边等，常和慈姑同生。

繁殖方式： 有性繁殖和无性繁殖均可。通常使用无性繁殖中的分株法进行繁殖，在整个生长期都可以进行，将苗整丛挖出后，分成10~20芽的小丛，进行栽植即可。

种植要领： 水体种植时，以水深55厘米以内的净水或波浪微小的水体为宜；在4~10月的生长期都可进行移植，移植密度为每平方米6~9丛，每丛80~120芽。

养护管理： 水毛花的长势强，在种植一年后应适时进行疏除，避免植株过于繁茂而提前枯黄。

观赏价值： 水毛花的植株繁茂，秆翠绿挺拔，丛植或片植所呈现的视觉效果十分壮观，适合在小型水景中沿岸丛植。

分布区域： 我国除新疆、西藏以外的其他地区均有分布。

园艺种类： 三翅水毛花。植株较为粗壮，茎为三棱形，呈翅状。叶鞘上有明显的横脉。小穗多数，密集成头状，卵形、卵球形或近于球形，长4~8毫米，宽3~4.5毫米；鳞片圆盘状倒卵形。花果期5~7月。主要分布在云南。

台水毛花。秆呈三棱形，为翅状，秆上横脉明显。小穗数目较少，甚至在5个以下，呈披针形；鳞片上部边缘呈暗紫红色，有多数脉。花期8月。主要分布于我国台湾地区。

成片生长的水毛花

水毛花丛植于小型水景中较佳

狭叶香蒲 *Typha angustifolia*

又名蜡烛草、水菖蒲、水烛 / 多年生挺水草本 /
香蒲科，香蒲属

雌雄花序分离　　　叶片为剑形，略狭长

根状茎呈乳黄色或灰黄色，先端白色。地上茎直立，粗壮，高1.5~3米。叶片长54~120厘米，宽0.4~0.9厘米，上部扁平，中部以下腹面微凹，背面向下逐渐隆起呈凸形；叶鞘抱茎。雄花序轴带有褐色扁柔毛，单出，或少有分叉；有叶状苞片1~3枚，花后脱落；雌花序长15~30厘米，基部有1枚叶状苞片，通常比叶片宽，花后脱落。小坚果长椭圆形，长约1.5毫米，有褐色斑点，纵裂。种子为深褐色，长1~1.2毫米。

生长周期： 南方地区于2月下旬至3月初开始萌芽，花期始于6月初，11月前后枝叶开始枯黄；北方地区3月中下旬开始萌芽，6月中下旬始花，10月底枝叶开始枯黄。

生长环境： 喜水，有一定的耐旱性，较耐贫瘠，对土壤厚度和肥力的要求不高，多生于湖泊、河流、池塘浅水处，水深65厘米以内皆可；沼泽、沟渠亦常见，当水体干枯时可生于湿地及地表龟裂环境中。

繁殖方式： 有性繁殖在种子收集的翌年3~4月，浸种催芽，和细沙一起播种于平整的苗床上，其间保证苗床土壤湿润即可。

种植要领： 采用移植法进行种植，3~10月均可进行，种植密度以每平方米25~35株为宜，在深度不超过65厘米的水体内均可保持良好的长势。

养护管理： 早春萌芽期及秋后防治虫害；生长期则需要防范倒伏现象；霜后逐渐进入休眠期并出现枯黄，应及时修剪上部残枝。

观赏价值： 狭叶香蒲的叶片纤细修长，花序奇特，可小面积种植于庭院中，营造禅意氛围；也可以用于湿地绿化，大片种植，景象壮观，颇有水乡蒲荡的自然美感。

经济价值： 花粉可入药；叶片可用于编织、造纸等；幼叶基部和根状茎先端可作蔬食；雌花序可作枕芯和坐垫的填充物，是重要的水生经济植物之一。

分布区域： 我国东北、华北、华东、华南、西南等地常见。尼泊尔、印度、巴基斯坦、日本及欧洲、美洲、大洋洲等地皆有分布。

狭叶香蒲果序

狭叶香蒲的园林应用

黑三棱 *Sparganium stoloniferum*

又名三棱、泡三棱 / 多年生挺水植物 /
黑三棱科，黑三棱属

花序轴直立 —————

茎直立，
挺水

　　块茎膨大，根状茎粗壮；茎直立，粗壮，高0.7~1.2米，挺水。叶片长40~90厘米，宽0.7~16厘米，有中脉，上部扁平，下部背面呈龙骨状凸起，或呈三棱形。圆锥花序开展，长20~60厘米，有3~7个侧枝，每个侧枝上生有7~11个雄性头状花序和1~2个雌性头状花序。果实呈倒圆锥形，上部通常膨大呈冠状，有棱，褐色。

生长周期： 3月下旬开始萌芽，4月初花，5~10月为花果期，入秋霜冻后地上部分开始枯萎，进入休眠期。

生长环境： 喜湿润气候，耐热也耐寒，对气候适应性强；喜肥沃土壤，也耐贫瘠；喜阳光充足的生长环境；多生于海拔1500米以下的湖泊、河沟、沼泽、水塘边浅水处。

繁殖方式： 有性繁殖和无性繁殖均可。有性繁殖时，在种子采收后的翌年3~4月进行催芽播种。无性繁殖时，在早春时节将根状茎挖出后，切割成5厘米长的茎段，埋入苗床即可；也可用分株法进行繁殖。

种植要领： 水体深度在55厘米以内，选择肥沃、中性或微酸性的软质底泥；种植密度为每平方米16~25株；种植时间以3~5月或8~9月为宜，最好不要在夏季高温时进行移植。

养护管理： 植株在7~8月生长达到顶峰，易出现倒伏；入秋霜冻后的枯萎残枝应及时清理，避免在休眠期造成多余的养分消耗，同时也有益于翌年新芽的萌发。

药用价值： 黑三棱入药有破瘀、行气、消积、止痛、通经、下乳等功效，可用于症瘕痞块、痛经、瘀血经闭、胸痹心痛、食积胀痛等症的治疗。

分布区域： 在我国黑龙江、吉林、辽宁、内蒙古、河北、山西、陕西、甘肃、新疆、江苏、江西、湖北、云南等地均有分布；阿富汗、朝鲜、日本等地亦有分布。

原种： 曲轴黑三棱。植株高大、粗壮，高1米左右，叶片长40~100厘米，宽0.7~1.8厘米，头状花序排列成有3~5分枝的圆锥花序，果实较大，有四棱。在潮湿的土壤或是流动的水体中都能生存。

曲轴黑三棱

曲轴黑三棱的聚合果

荷花 *Nelumbo nucifera*

又名莲花、水芙蓉、藕花、芙蕖、水芝、水华、泽芝 /
多年生挺水植物 / 莲科，莲属

根状茎横生，肥厚，节间膨大，内有多数纵行通气孔道，有须状不定根。叶为圆形盾状，直径25~90厘米，表面深绿色，有蜡质白粉，背面灰绿色，全缘，稍有波状；叶柄粗壮，圆柱形，长1~2米，中空，外面散生小刺。花梗和叶柄等长或稍长，稀疏生有小刺；花单生于花梗顶端，高托水面之上，花直径10~20厘米，有单瓣、复瓣、重瓣及重台等花形。

叶为圆形盾状，表面深绿色，有蜡质白粉

花大型，有多种花形

生长周期： 南方地区在3月中旬出现萌芽，6月进入盛花期，8月终花，10月末叶片出现枯黄；北方地区萌芽较晚，在4月初。

生长环境： 喜相对稳定的平静浅水、湖沼、泽地、池塘；荷花喜光，不抗风，喜温暖湿润的生长环境，适宜生长温度为22~32℃，温度低于17℃则会生长缓慢，当温度低至10℃时，荷花将处于休眠期。

繁殖方式： 有性繁殖和无性繁殖均可。有性繁殖时，将莲子经过破壳、浸种、催芽后再播种，可在3~6月进行。无性繁殖时，用地下茎（藕）繁殖，要求种藕有完整的顶芽和2~3个侧芽，在春季水温转暖后，藕发芽前挖出种藕，进行繁殖。

种植要领： 水体深度一般为40~100厘米，中、小株形的品种水深为20~40厘米；荷花种植通常在3~4月进行，我国东北地区的种植时间为5月中上旬；宜选择肥力高的软质底泥，同时保证阳光充足，静水或水流缓慢的水体环境较佳。

养护管理： 种植荷花最主要的是水位管理，生长初期水位宜浅，随着立叶次第出水，再逐步提高水位。

药用价值： 荷花可全草入药，不同的部位有不同的作用。花能活血止血、清心凉血、解热解毒；莲子能养心、益肾、补脾、涩肠；莲须能清心、益肾、涩精、止血、解暑除烦、生津止渴；荷叶能清暑利湿、升阳止血；藕节能止血、散瘀、解热毒；荷梗能清热解暑、通气行水、泻火清心。

分布区域： 中国、日本、印度等亚热带和温带地区广泛分布。

种子播种前应先做破壳处理

根状茎微甜而脆，十分爽口，可生食也可熟食

莲蓬内生数枚椭圆形或卵形的种子

荷花的浮叶

随着花瓣盛开,逐渐呈现的莲蓬

花葶直立,挺出水面

花大型,多色

有单瓣、复瓣、重瓣等多种花形

水芹 *Oenanthe javanica*

又名水芹菜、野芹菜 / 多年生挺水草本 /
伞形科，水芹属

三回羽状复叶

叶片轮廓为三角形

茎直立，茎
有突起的棱

茎直立或基部匍匐。基生叶有柄，基部有叶鞘；叶片轮廓为三角形。复伞形花序顶生；无总苞；伞辐不等长，直立或展开；萼齿线状披针形，花瓣白色，倒卵形，有一长而内折的小舌片；花柱基圆锥形，直立或两侧分开。果实近于四角状椭圆形或筒状长圆形，侧棱较背棱和中棱隆起，木栓质。

生长周期： 南方地区花期为5~6月，果期为7月；北方地区花期为6~7月，果期为8~9月。

生长环境： 喜湿润、肥沃土壤，耐涝，畏热，夏季休眠。一般生于低湿地、浅水沼泽、河流岸边，或生于水田中。

繁殖方式： 无性繁殖为主。通常在8月下旬至9月中旬进行。将采集的老熟种茎切割成直径15厘米左右、长20~30厘米的小把，然后将小把交错堆码，高度以50~80厘米为宜；上盖一层稻草，用水浇透，之后每天早晨浇透水1次，每隔2天翻堆1次，上下调换重新堆码；5~7天后，老茎节部长出5厘米左右的新芽，并长有新根，再种入大田。

种植要领： 每年的10月至翌年3月是水芹的最佳种植时间；种植密度为每平方米25~40株；水体深度以40厘米为宜；水芹喜阴，可种植在遮阴处、地下水位较高处或潮湿的黏性土壤中。

养护管理： 秋季萌芽时期注意防治蚜虫；夏季枯萎后及时对地上部分的残叶进行修剪，有助于秋季萌发。

药用价值： 水芹全草可入药，有清热解毒、润肺利湿等功效，对感冒发热、呕吐腹泻、尿路感染、崩漏、水肿、高血压等症有辅助疗效。

分布区域： 分布于我国各地，印度、缅甸、越南、马来西亚、印度尼西亚及菲律宾等地也有分布。

复伞形花序

小花密集多数，花瓣为白色

水芹匍匐生长

茎挺出水面，水芹既有野生，也有人工种植

水芹的嫩茎叶可作蔬菜食用，
有清热解毒、凉血润肺之效

人工片植的水芹

63

玫红木槿 *Hibiscus coccineus*

又名沼生木槿、红秋葵 / 多年生挺水草本 /
锦葵科，木槿属

玫红木槿植株高大，高3.6米左右。花大，花色艳丽，群花花期长，单叶互生，叶形变化大，同一个体的叶全缘或3~7裂、浅裂至全裂。不同的季节或不同的叶龄，叶片会呈现墨绿色、深绿色、浅绿色、褐色、红棕色、亮红色等不同颜色。

单叶互生，掌状深裂或浅裂

生长周期：3月中下旬开始萌芽，6月底可见初花，7~9月进入盛花期，11月开始停止生长，植株进入休眠期。

生长环境：喜水，也耐旱，在旱地也能正常生长；喜热耐寒，在南北方地区均能保持良好长势；喜肥沃土壤，也耐贫瘠，同时具有一定的抗盐碱能力，是一种适应性极强的植物；多生于沼泽地、沟渠及溪流岸边等潮湿地。

繁殖方式：有性繁殖和无性繁殖均可。播种繁殖通常在春季进行；扦插繁殖在春、夏两季均可进行，但是春插的成活率更高一些。

种植要领：种植时间以春季为佳，春季种植可当年见花；水体种植时，水深控制在55厘米以内，陆地种植以肥沃土壤为宜；种植密度为每平方米1~2丛。

观赏价值：植株高大，花色艳丽，对水体景观的塑造能力强，孤植、片植、丛植均能表现出不俗的装饰效果，比较适合在水际线两侧较大范围种植。

分布区域：原产于美国东南部地区，在我国上海、南京、杭州等地也有栽培。

玫红木槿花蕾

孤植、对植、丛植或片植均可，最宜在水际线两侧较大范围内配置

花大，花色艳丽，群花花期长

烈日下的玫红木槿，植株高大，花色迷人

全株挺拔秀丽

单花生于叶腋，花玫瑰红色

灯心草 *Juncus effusus*

又名灯芯草、水灯心、野席草、水灯草 / 多年生挺水草本 /
灯芯草科，灯芯草属

株高90厘米左右，根状茎粗壮，横走，有黄褐色须根。茎丛生，直立，圆柱形，淡绿色。叶为低出叶，叶片鞘状或鳞片状，退化为刺芒状。聚伞花序假侧生，多花，排列紧密或疏散；总苞片圆柱形，生于顶端；小苞片宽卵形，膜质，顶端尖；花淡绿色；花被片线状披针形，黄绿色，边缘膜质，外轮或稍长于内轮；花药长圆形，黄色，花柱极短。蒴果长圆形或卵形；种子卵状长圆形，黄褐色。

叶片低出，鞘状或鳞片状，退化为刺芒状

聚伞花序假侧生，排列紧密或疏散

生长周期： 南方地区3月初开始萌芽，5~9月进入花果期，冬季可常绿或半常绿；北方地区4月初萌芽，5~9月花果期，霜冻后地上部分枯萎，进入休眠期。

生长环境： 喜湿润环境，也耐旱，在地下水位较高处、潮湿土壤中长势良好；喜光也耐阴。

繁殖方式： 无性繁殖。多以分株法进行繁殖，保留约30厘米的茎秆，用刀分割成10~20芽的小丛后再进行繁殖，繁殖季节以春、秋两季为宜。

种植要领： 水体种植时水深不超过30厘米，也可种植于潮湿处和地下水位较高的区域；种植密度以每平方米12~20丛为佳；灯心草的移植在2~11月均可进行，其中春季成活率较高。

养护管理： 种植1~2年后，应对植株进行疏除，避免密度过高而产生植株倒伏甚至枯死。

药用价值： 灯心草可入药，有利尿、清凉、镇静、利水通淋、清心降火等功效，可治水肿、小便不利、尿少涩痛、湿热黄疸、心烦不寐、小儿夜啼、喉痹、口舌生疮、创伤等症。

观赏价值： 灯心草生长旺盛，植株挺秀，可片植于地下水位较高的区域，是固岸防堤的理想物种；也可丛植于水系中或石旁，作为点缀，极具美感。

分布区域： 灯心草在全世界气候温暖地区均有分布。

园艺种类： 野灯心草。高25~65厘米；根状茎短而横走，须根黄褐色，茎

常作为室内外装饰材料的灯心草

圆柱形总苞片，生于顶端

丛生，直立，圆柱形，有深沟，径1~1.5毫米；花期5~7月，果期6~9月。整体植株的体量比灯心草略矮小。多生于海拔800~1700米的山沟、林下阴湿地、溪旁、道旁的浅水处。

蓝箭灯心草。其最突出的特点是茎秆呈蓝色，植株高挺秀丽，十分惹眼。蓝箭灯心草更适宜家庭园艺和花境的装饰应用。

标枪灯心草。株形高大，茎秆粗黄，直径为4~8毫米；冬季茎秆的顶部枯萎，半常绿。

江南灯心草。顶生花序能生根发芽，可作为扦插进行繁殖，叶片为圆柱形，具连贯的竹节状横隔，叶片为深绿色，常绿物种，观赏价值较高。

翅茎灯心草。根状茎短而横走，叶基生或茎生，叶片扁平或圆柱形；多生于海拔2300米以下的水边、田边、湿草地和山坡林下阴湿处。可做观赏盆栽，也可用于人工湿地。

标枪灯心草

灯心草丛植多用于置石旁，或在水系中起点缀作用

野灯心草

水深梯度配置，也常常种植于其他植物之间，增添细柔优美的感觉

翠芦莉 *Ruellia simplex*

又名蓝花草、兰花草 / 多年生挺水草本 /
爵床科，芦莉草属

地下根茎蔓延生长；茎略呈方形，有沟槽，红褐色。单叶对生，线状披针形；叶暗绿色，新叶及叶柄常呈紫红色；叶全缘或疏锯齿，叶长8~15厘米，叶宽0.5~1厘米。花腋生，花径3~5厘米；花冠漏斗状，5裂，有放射状条纹，细波浪状，多蓝紫色，少数粉色或白色。蒴果长形，先为绿色，成熟后转为褐色。果实开裂后种子散出，种子细小如粉末状。

漏斗状花冠，5裂

线状披针形的叶子，呈暗绿色

生长周期： 3月初可见新芽萌发，翠芦莉的花期较长，从5月持续开花至10月，11月遇霜后地上部分开始逐渐枯萎，植株进入休眠期。

生长环境： 适应性广，对环境要求不高；耐旱和耐湿力较强；喜高温，耐酷暑，不择土壤，耐贫瘠力强，耐轻度盐碱土壤；对光照要求不高，全日照或半日照均可。

繁殖方式： 可用播种、扦插或分株等方法繁殖，春、夏、秋三季均可进行。

种植要领： 旱地、季节性淹水区或水体中均可种植，其中水体种植时，水深不要超过40厘米，以软质底泥为宜；翠芦莉的生长适应性强，3~10月均可进行种植，种植密度为每平方米16~25株。

养护管理： 防治春芽期的虫害；夏季高温或多雨时节，旱地种植易发根瘤病，要加强栽植地的排水，并用波尔多液每隔6天左右喷洒1次，连续喷3~5次，及时拔除病株，并用石灰液消毒病穴，以防蔓延。

观赏价值： 翠芦莉的花期长，是优良的水陆两栖植物。陆生适合在庭园中片植或盆栽，也可做花境布置。用翠芦莉与其他花卉形成自然式的斑块混交，表现花卉的自然美及不同种类植物组合形成的群落美，尤其在水岸线区域片植或在小型水景边缘丛植，均能营造出不同意境的美感。

分布区域： 原产于墨西哥，在我国、日本亦有栽培。

单叶对生，线状披针形；新叶及叶柄常呈紫红色

花多蓝紫色，少数粉色或白色

荸荠
Eleocharis dulcis

又名马蹄、地栗 / 多年生挺水草本 /
莎草科，荸荠属

荸荠有细长的匍匐根状茎，顶端生球茎，俗称马蹄。秆丛生，直立，圆柱状，有横膈膜，干后秆表面现有节，灰绿色，光滑无毛。无叶片，只在秆的基部有2~3个叶鞘；鞘近膜质，绿黄色，紫红色或褐色。小穗顶生，圆柱状，在小穗基部有两片鳞片，中空无花，抱小穗基部一周；其余鳞片全有花。

芽顶生

繁殖体，可食用的球茎

生长周期：3月下旬开始萌发，6~8月为花果期，霜冻后地上部分枯萎，地下根可越冬。

生长环境：性喜温暖湿润的生长环境，不耐霜冻，喜肥，要求土质肥沃，酸碱度中性为宜；喜生于池沼中或栽培在水田里，适宜生长在耕层松软、底土坚实的壤土中。

繁殖方式：采用球茎进行无性繁殖。选取表皮无破损、顶芽与侧芽粗壮健全、皮深褐色、单球茎重为15克以上的球茎做种球，经过催芽、育苗后将幼苗移植入田。

种植要领：以软质底泥深厚、中性土壤、水深50厘米以内的种植环境为宜，其中水深5~10厘米长势最佳。可用种球直接种植，也可采用移植法将幼苗移栽入大田中。

养护管理：除了日常的除草、施肥，还应及时防治病害。荸荠的常见病害有枯萎病、茎腐病、菌核病等，多发生在高温、高湿气候时节，可用50%多菌灵可湿性粉剂水稀释500~1000倍，

或45%代森铵100倍液，或70%托布津800倍液，每隔5天，连续喷施2~3次，能有效防治以上病害。

药用价值：荸荠性寒，有清热解毒、凉血生津、利尿通便、化湿祛痰、消食除胀等功效，可用于治疗黄疸、痢疾、小儿麻痹、便秘等症。此外，荸荠含有一种抗菌成分，对调节血压有一定效果。

食用价值：荸荠可以促进人体代谢，还有一定的抑菌功效。荸荠皮色紫黑，肉质洁白，味甜多汁，清脆可口，可做水果生吃，又可做蔬菜食用，其球茎富含淀粉，吃后有饱腹感。

分布区域：我国南方各地均有栽培，朝鲜、越南、印度亦有分布。

白色的穗状花序

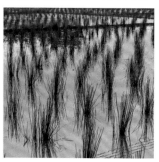

荸荠苗田，可见其叶状茎细长如管而直立

睡菜 *Menyanthes trifoliata*

又名水胡豆、醉草 / 多年生挺水植物 /
睡菜科，睡菜属

顶生花序轴　　挺水叶，椭圆形

表面光滑，亮绿色

　　睡菜整株挺水，光滑无毛。根状茎匍匐状。叶基生，三出复叶，椭圆形，总柄长23~30厘米，全缘状微波形。总状花序顶生，基部生一披针形苞叶；小花有柄，直径1~2厘米；花冠5深裂，白色，有纤毛；雄蕊5枚，红色。蒴果球形。

生长周期： 3月底至4月初开始萌芽，花期为5~7月，果期为6~8月；霜冻后地上部分逐渐枯萎，进入休眠期。

生长环境： 喜阳，喜向阳温暖湿润的生长环境，较耐寒，其根茎能顺利越冬，在沼泽中呈群落优势种，多生于海拔450~3600米的沼泽地、水池边或丛生于塔头甸子上。

繁殖方式： 以分株繁殖为主，在3~4月进行；将根茎从泥中挖出，切成数块，每段有3~5节，扦插于苗床即可。

种植要领： 育苗后用移植法进行移栽，水体深度在30厘米以内，基质以软质底泥为佳，种植密度以每平方米9~16丛、每丛10~16叶较好。

养护管理： 喜阳，但不耐高温，如遇夏季连续高温，需做遮阴降温保护。

药用价值： 入药有平肝息风、清热解暑等功效，可治胃炎、胃痛、消化不良、心悸失眠、心神不宁等症。

观赏价值： 睡菜的花洁白可爱，可片植、丛植或孤植。用于河流、池塘边缘装饰时可与干屈菜、花叶香蒲、黄菖蒲等相搭配；还可作为盆栽装点庭院。

分布区域： 广泛分布在北半球温带地区；我国黑龙江、吉林、辽宁、河北、贵州、四川和云南等地均有栽植；朝鲜、日本、俄罗斯，以及北美洲也有分布。

苞叶披针形，生于基部

白色小花，花冠5深裂，有纤毛

叶片全缘状微波形，叶柄较长

带状种植于水中

公园中，常可见丛植于水际线区域

水深梯度配置上可作挺水植物

香菇草 *Hydrocotyle vulgaris*

又名圆币草、显脉香菇草、毛天胡荽、野天胡荽、
盾叶天胡荽、钱币草、铜钱草 / 多年生挺水
或浮叶植物 / 五加科，天胡荽属

圆盾形叶，有长柄，草绿色

多年生挺水或浮叶观赏植物。植株呈蔓生性生长，株高5~15厘米，节上生根。茎顶端呈褐色。叶互生，有长柄，圆盾形，直径2~4厘米，缘波状，草绿色，叶脉15~20条，呈放射状。花两性；伞形花序；小花白色。果为分果。

修长的叶柄，很像微缩版的荷叶

生长周期： 2月底至3月初开始萌芽，6~8月为花果期；盆栽可全年常绿。

生长环境： 适应性强，喜光照充足的环境，不耐阴，荫蔽环境下植株生长不良；性喜温暖，怕寒冷；耐湿，稍耐旱。

繁殖方式： 多利用匍匐茎扦插繁殖，每年3~5月进行繁殖成活率最高。

种植要领： 种植以潮湿的环境为佳，适于水盆、水族箱、水池或湿地中。全日照生长良好，半日照时其叶柄会拉得更长，往光线方向生长，姿态稍调整会更美观。

养护管理： 香菇草的生长极为旺盛，应适时进行疏除，保证植株有良好的通风及光照，避免叶片枯黄；生长旺盛期可向叶子适当喷洒些复合肥，若是水培，养护时要及时换水。

观赏价值： 生长迅速，成形较快。常作水体岸边丛植、片植，是庭院水景造景，尤其是景观细节设计的好材料；还可用于室内水体绿化或水族箱前景装饰。

生态价值： 香菇草对铜的富集力较强，可作为铜污染地区的复垦或修复植物。

分布区域： 原产于美洲；我国华南、华东地区可露地栽培，北方地区多为盆栽。

园艺种类： 中华天胡荽。多年生匍匐草本，茎节着土后极易生须根。叶片薄，圆肾形，表面深绿色，背面淡绿色，掌状5~7浅裂；裂片阔卵形或近三角形，边缘有不规则的锐锯齿或钝齿，基部心形；托叶膜质，卵圆形或阔卵形。伞形花序单生于节上，腋生或与叶对生，有花25~50朵。花在蕾期草绿色，开放后白色；花瓣膜质，顶端短尖，有淡黄色至紫褐色的腺点。原产于我国湖南、四川、云南等地。全草可入药，有镇痛、清热、利湿等功效，可治腹痛、小便不利、湿疹等症。

伞形花序，小花为白色

片植可装饰水岸线

香菇草有一定的耐旱性，在陆地也能生长

茎纤细直立，茎、叶均挺出水面

香菇草造景

芦苇 *Phragmites australis*

又名苇、芦、泡芦、兼葭 / 多年生挺水草本 /
禾本科，芦苇属

叶披针状线形，无毛

芦苇是多年水生或湿生的高大草
本，其根状茎十分发达。秆直立，有
多节，节下被有蜡粉，基部和上部的
节间较短。叶舌边缘密生一圈长约1
毫米的短纤毛；叶片披针状线形，
长30厘米，宽2厘米，无毛，顶端
长渐尖成丝形。大型圆锥花序，分
枝多数，有稠密下垂的小穗。颖果
长约1.5毫米。

生长周期： 3月上旬开始萌芽，8~9月
进入盛花期，10~11月果期，霜冻后，地上
部分逐渐枯萎，进入休眠期。

生长环境： 多生于江河湖泽、池塘沟
渠沿岸和低湿地及各种有水源的空旷地带，
常以其迅速扩展的繁殖能力，形成连片的芦
苇群落。

繁殖方式： 有性繁殖和无性繁殖均
可。多以无性繁殖为主，选用地下茎作为母
本，切成段后插入苗床，不宜选用地上部分
作为插穗。

种植要领： 适宜种植在水位稳定区
域、水深不超过30厘米的水体中，旱地也
可种植；3月前或7月后为最佳种植期；种
植密度以每平方米30~50株为宜。

养护管理： 生长旺盛期进行疏除，以
达到控制生长范围的目的；霜冻后及时清理
枯萎的残枝。

药用价值： 芦苇的根部可入药，有利
尿、解毒、清热、镇咳等功效。

观赏价值： 芦苇种在公园湖边，开花季
节特别美观。公园里经常可以看到芦苇优雅
的身影，其生命力强，易管理，适应环境
广，生长速度快，是旅游景点常见的观赏植物之一。

秆直立，多节

生态价值： 大面积的芦苇可调节气
候，涵养水源，其所形成的良好湿地生态
环境，还能为鸟类提供栖息、觅食、繁殖
的家园。芦苇为水面绿化、河道绿化、净
化水质、护土固堤、改良土壤的先锋环保
植物。

经济价值： 芦苇秆含有纤维素，可用
于造纸和人造纤维；还可用芦苇编制"苇
席"，空茎制造芦笛，芦苇穗可以做扫
帚，花絮可以充填枕头。

分布区域： 我国各地均有分布，广泛
分布于世界温带地区。

园艺种类： 花叶芦苇。秆高1~3米，茎
部粗壮近木质化，地上茎挺直，有间节；
叶互生，排成两列，弯垂，纵向有金色或
银白色条纹。花叶芦苇适合盆栽，水深控
制在30厘米以内。

大型圆锥花序，有稠密下垂的小穗

花序的分枝较多

秋后芦苇变黄，如一条黄龙蜿蜒在湖面

片植芦苇，常用于人工湖或公园湿地环境

紫芋 *Colocasia esculenta 'Tonoimo'*

又名水芋、东南芋 / 多年生挺水植物 /
天南星科，芋属

盾状或卵状箭形的
叶片，深绿色

块茎粗厚，可食用；有侧生小球茎若干枚，倒卵形，略有柄，表面生褐色须根，可食用。叶1~5，由块茎顶部抽出，高1~1.2米；叶柄圆柱形，向上渐细，紫褐色；叶片盾状或卵状箭形，深绿色，基部具弯缺，侧脉粗壮，边缘波状，长40~50厘米，宽25~30厘米。花序柄单生，粗1厘米左右；佛焰苞管部长4.5~7.5厘米，粗2~2.7厘米，略有纵棱，绿色或紫色，向上缢缩并逐渐变为白色；檐部较厚，席卷成角状，金黄色，顶部略带紫色。

圆柱形的叶柄，向上渐细

生长周期： 4月初开始萌芽，7~9月进入花果期，12月前后叶片开始逐渐枯萎。

生长环境： 喜高温，耐阴，耐湿，基部浸水也能生长，常用于水池、湿地栽培或盆栽；喜全日照或半日照的生长条件。

繁殖方式： 以无性繁殖

为主。分株法在生长季节进行，将分生的幼苗挖出栽种成为新植株；扦插法于春季切割匍匐茎作为插穗，约10厘米即可，直接栽种在盆土中或扦插在插床上，待长出3~4片叶后，移栽到大田里即可。

种植要领： 种植密度为每平方米9~16株；可种植于水深50厘米以内的水体中，亦可在水位线以上区域或季节性淹水区种植；宜选择土质肥沃的软质底泥为基质。

养护管理： 紫芋在休眠期易出现软腐病，多发生在根茎基部，宜用72%的农用链霉素3000倍液喷洒，伤口处可多喷。

食用价值： 块茎、叶

柄、花序均可作蔬菜食用。

药用价值： 紫芋入药有散结消肿、祛风解毒等功效，主治乳痈、无名肿毒、荨麻疹、疔疮、口疮、烧伤等症。

分布区域： 原产于我国南方地区，日本亦有栽培。

叶脉粗壮，呈紫褐色

湿地中常见片植的紫芋

野芋
Colocasia antiquorum

又名天南星 / 多年生挺水草本 /
天南星科，芋属

野芋的块茎直径为2~4厘米，大小不等，颈部须根多。叶与花序同时抽出；叶柄密生紫色斑点，中部以下有膜质叶鞘；佛焰苞紫色，管部圆筒形或长圆状卵形，肉穗花序几无梗，附属器紫色，雄花无柄。

叶柄密生
紫色斑点

叶基部呈心
形，全缘

生长周期： 3月底开始萌芽，7月初见花，至9月底花期结束，12月前后叶片开始枯黄。

生长环境： 喜温和湿润气候，略耐寒，耐荫蔽，耐干旱，沙质土可种植；多生于海拔1500米以下的荒地、山坡、水沟旁。

繁殖方式： 无性繁殖为主。用匍匐茎做插穗繁殖，将有芽眼的茎分成段，插入苗床中，苗床蓄水1~3厘米为宜，生根发芽后施肥。

种植要领： 用移植法进行幼苗移栽，4~10月均可进行；水体深度控制在50厘米以内，也可以种植在季节性淹水区、潮湿地、地下水位较高区域或陆地；种植密度为每平方米12~20株。

养护管理： 霜冻后收割地上枯叶，并对根部进行培土，防止越冬期受冻。

药用价值： 野芋的球茎可供药用，有逐寒湿、祛风痰、镇痉等功效，可治中风痰壅、口眼歪斜、破伤风等症。外用对各种疔、毒、疮、疖均有一定疗效，可治跌打损伤、淋巴结核。

观赏价值： 野芋的叶片大，叶色优美，尤其适合在大水景或高大建筑物边种植，视觉效果和谐大气。也可片植于林下阴湿地，搭配菖蒲、鸢尾等植物，植株种群错落有致，景趣十分别致。

分布区域： 我国长江以南各地区均有栽培。

肉穗花序几无梗

用于造景也是一道美丽的风景

鱼腥草

Houttuynia cordata

又名岑草、蕺菜、紫背鱼腥草、折耳根、九节莲 /
多年生挺水草本 / 三白草科，蕺菜属

穗状花序，花白色，
4 瓣

茎呈黄棕色或紫红色

叶互生，展
平后为心形

葡匐茎呈扁圆形，皱缩而弯曲，
表面为黄棕色或紫红色，有纵棱和明
显的节，下部节生有须根。互生叶，
展平后为心形，上叶面为暗绿或黄
绿色，下叶面为绿褐色或灰
棕色，常带紫红色；掌状
叶脉5~7条；细长叶柄上无毛。穗状花
序，花为4瓣，白色花瓣。蒴果近球形，顶端
开裂；种子多数，卵形。

生长周期：3~4月开始萌芽，盛花期
在5~6月，7~8月为果期，冬季地上部分枯
死，地下茎可越冬。

生长环境：喜温暖湿润的气候，忌干
旱；多生长于田埂、水沟、池边潮湿地、林
下阴湿处、山脚路边、林缘等地。

繁殖方式：有性繁殖和无性繁殖均
可。有性繁殖于3~4月开始播种，一个月左
右种子即可发芽生根。无性繁殖可用地下茎
作为插穗进行繁殖。

种植要领：在4~6月用移植的方式移栽
幼苗；水体种植时水深控制在20厘米左右，
在季节性淹水区、潮湿地或陆地均可种植；
种植密度为每平方米40~65株。

药用价值：鱼腥草含有鱼腥草素（癸酰
乙醛），对卡他球菌、流感杆菌、肺炎球
菌、金黄色葡萄球菌等有明显抑制作用。鱼
腥草味辛，性寒凉，入药有清热解毒、消肿
疗疮、利尿除湿、健胃消食等功效，用于治
疗实热、湿邪等引发的肺痈、疮疡肿毒、痔
疮便血、脾胃积热等症。

食用价值：鱼腥草有很多种吃法，可
洗净之后切段凉拌，可煮汤、煎炒或做成
咸菜食用。

分布区域：主要分布在我国江苏、江
西、浙江、广东、广西、四川、云南、山
东、陕西等地。

地下葡匐茎称折耳根，可食用

葡匐茎呈扁圆形，下部节生有须根

叶子干制后可用来泡茶，适量饮用能清热解毒、消肿通便

生长密集繁茂，叶形奇特，掌状叶脉明显，5~7 条

鱼腥草的花洁白，娇小可爱，可作为观赏植物种植

花叶鱼腥草，丛植十分美丽

泽泻 *Alisma plantago-aquatica*

又名水泻 / 多年生挺水草本 / 泽泻科，泽泻属

全株有毒，地下块茎毒性较大；块茎直径1~3.5厘米。沉水叶条形或披针形；挺水叶宽披针形、椭圆形至卵形，先端渐尖，稀急尖，基部宽楔形、浅心形，叶脉通常为5条，叶柄长1.5~30厘米，基部渐宽，边缘膜质。花葶高78~100厘米；花序有3~8轮分枝；花两性，白色、粉红色或浅紫色；花药为椭圆形，黄色或淡绿色。瘦果椭圆形或近矩圆形；种子紫褐色，具凸起。

挺水叶为宽披针形、椭圆形至卵形

生长周期： 3月中下旬开始逐渐萌芽，5~9月为花果期，10月后地上部分逐渐枯萎。

生长环境： 喜光，稍耐阴，对水位和气温的适应范围较广，多生于湖泊、河湾、溪流、水塘的浅水带，沼泽、沟渠及低洼湿地亦有生长。

繁殖方式： 有性繁殖和无性繁殖均可。有性繁殖将种子经浸种后播种。无性繁殖采用分芽繁殖或块茎繁殖。

种植要领： 水体种植深度在20厘米以内为宜，也可种植在地下水位较高的潮湿地，基质以软质底泥、腐殖质含量丰富的肥沃土壤为佳；种植密度为每平方米16~36株。

养护管理： 种子成熟后应及时采收，待霜冻后植株枯萎再清理或修剪残枝，以保证地下茎有足够的养分越冬。

观赏价值： 泽泻可小片种植于水际线附近，亦可孤植于小水景中；还可用来做家庭园艺的装饰。

分布区域： 在我国主要分布于黑龙江、吉林、辽宁、内蒙古、河北、山西、陕西、新疆、云南等地，欧洲、北美洲、大洋洲等地亦有分布。

园艺种类： 小泽泻。同属泽泻科、泽泻属植物。中国特有种，是泽泻属中植株最矮小者，植株细弱，块茎不明显；叶为宽披针形、椭圆形至卵形，先端尖或急尖，基部圆形或稍窄；叶柄细弱；花药宽大，花丝很短；果实小，背沟果皮膜质、透明；主要分布在我国新疆地区。

东方泽泻。块茎直径1~2厘米；挺水叶

小泽泻

宽披针形、椭圆形，有叶脉5~7条；叶柄长3.2~34厘米，较粗壮；花药黄绿色或黄色；种子紫红色；花果期5~9月；我国各地均有分布，日本、朝鲜、蒙古、印度等地也有分布。

窄叶泽泻。块茎直径1~3厘米；沉水叶条形，叶柄状；挺水叶披针形，稍呈镰状弯曲；花葶直立；花序有3~6轮分枝；瘦果倒卵形，或近三角形，果喙自顶部伸出；种子深紫色，矩圆形；花果期5~10月；主要分布于中国、朝鲜、日本等地；全草可入药，具清热解毒、利水消肿之功效。

窄叶泽泻

东方泽泻，多以小面积片植为主，也可孤植于小水景中

泽泻同时有沉水叶和挺水叶

丛植泽泻

花蔺
Butomus umbellatus

又名蔫薞 / 多年生挺水草本 / 花蔺科，花蔺属

花蔺丛生，根茎粗壮，横生或斜向上生长，节生须根多数。叶基生，无柄，上部挺出水面，线形，三棱状，基部成鞘状。花茎直立，圆柱形，有纵纹；花两性，成顶生伞形花序；花被片外轮较小，萼片状，绿色而稍带红色，内轮较大，花瓣状，粉红色。蓇葖果成熟时沿腹缝线开裂，顶端具长喙，内有细小的种子多数。

生长周期： 南方地区3月初开始萌芽，5月中旬始花至9月初花期结束，11月中旬枝叶开始枯黄；北方地区的萌芽期晚于南方地区。

生长环境： 喜温暖、湿润，在通风良好的环境中生长最佳；多生长于湖泊、水塘、沟渠的浅水处，沼泽、湿地、水稻田中也很常见。

繁殖方式： 有性繁殖和无性繁殖均可，以无性繁殖为主。无性繁殖有根茎繁殖和株芽繁殖两种，通常在春季进行。

种植要领： 4~8月为幼苗的最佳移植期；水体深度在30厘米以内，基质以营养丰富的软质底泥为宜；种植密度为每平方米

线形叶，无柄

直立花茎圆柱形，有纵纹

丛生茎，挺出水面后向上直立生长

16~25丛，每丛3~5芽。

养护管理： 花果期易受病菌感染生锈病，应及时清理病株，并连续2次以上使用药物来防治病害。

观赏价值： 花蔺初花时为白色，后逐渐变成粉红色至深红色，搭配线条流畅的绿叶，显得更加雅致宜人，十分适合应用在小型水景或水生花境中，片植、丛植或孤植均可。

分布区域： 在我国内蒙古、河北、山西、陕西、新疆、山东、江苏、河南、湖北等地均有分布；欧洲亦有分布。

花两性，粉红色

伞形花序顶生于花葶顶端

丛植于中小型水系中

孤植花蔺，有一种柔弱之美

水深梯度，花蔺搭配睡莲

带状种植于水际线边缘

红莲子草 *Alternanthera bettzickiana*

又名红节节草、锦绣苋、莲子草、红棕草 /
多年生挺水草本 / 苋科，莲子草属

红莲子草的茎分枝较多，上部为方柱形，下部圆柱形，两侧各有一纵沟，在顶端及节部均有柔毛；叶长圆形、长圆状倒卵形或匙形，绿色或红色，或部分绿色杂以红色或黄色斑纹。头状花序2~5个丛生于茎顶或叶腋，花小，有花被5小瓣。

长圆形、长圆状倒卵形或匙形的叶，绿色或红色

茎分枝较多

生长周期： 每年3~4月萌芽，6~10月进入花果期。

生长环境： 喜温暖、湿润的气候环境，喜水耐旱，在陆地和潮湿地均能生长良好；喜阳光充足，不耐寒；喜富含腐殖质、疏松肥沃的沙质壤土。

繁殖方式： 有性繁殖和无性繁殖均可。有性繁殖可在3~4月进行，将种子和细沙一起搅拌后播种，之后再用草覆盖保湿，待幼苗长到10厘米左右进行移植。无性繁殖将带节的插穗插入苗床中，10~20天即可生根，可分为水插和土插。

种植要领： 在3~10月生长期进行移植，种植密度为每平方米20~25丛，每丛4~5芽；南方无霜地区可作挺水植物栽培，水深在30厘米以内。

养护管理： 春季萌芽期应防治蚜虫侵害；入冬前应对根部进行培土，做防冻保护。

药用价值： 入药有凉血止血、散瘀解毒等功效，可治吐血、咯血、便血、跌打损伤、结膜炎、痢疾等症。

观赏价值： 叶终年红色，可作为园林水景边缘装饰植物，极富观赏性。水际线配置宜与象耳草、海寿花等搭配，深水梯度配置与矮蒲苇、睡莲、水罂粟较宜。

分布区域： 原产于南美洲，现在我国各地均有栽培。

陆地种植的红莲子草

可作为室内装饰材料

石菖蒲 *Acorus gramineus*

又名九节菖蒲、山菖蒲、药菖蒲、菖蒲叶 /
多年生挺水草本 / 菖蒲科，菖蒲属

石菖蒲根茎芳香，外部为淡褐色，肉质，须根较
多，根茎上部分枝十分密集，分枝常生有纤维状宿存叶
基。叶无柄，叶片薄，基部两侧膜质叶鞘上延至叶片中
部，渐狭，后脱落；叶片暗绿色，线形。花序柄腋生，
三棱形；叶状佛焰苞长13~25厘米；肉穗花序为圆柱
状，上部渐尖，直立或稍弯。花白色。幼果绿色，成熟
时为黄绿色或黄白色。

肉质根，须根较多

根茎上部分
枝十分密集

圆柱状的肉穗花
序，上部渐尖，
直立或稍弯

生长周期： 2月底开始萌芽，4~5月进
入盛花期，8~10月果期结束。

生长环境： 喜冷凉湿润气候和阴湿环
境，耐寒，忌干旱；多生于海拔1750米以下
的水边、沼泽湿地或湖泊浮岛上。

繁殖方式： 以无性繁殖为主。在早春
或生长期内将地下茎挖出，去除老根、茎
及枯叶，切成若干块状，每块保留3~4个新
芽，插入苗床即可。在生长期分栽，将植株
连根挖起，洗净，去掉2/3的根，再分成块
状，在分株时要保护好嫩叶、芽及新生根。

种植要领： 用移植法将幼苗栽种在水
深不超过20厘米的水体中，水质需清澈；
一年四季均可进行移植；种植密度以每平方
米20~25丛、每丛15~20芽为宜。

养护管理： 喜冷凉气候，种植前后应
做好光、温、水的管理，以弱光、低温、清
水、水流缓慢为宜。

观赏价值： 石菖蒲常绿，能适应湿
润，特别是较阴凉的环境，宜在较密的林下
作地被植物。也可用于布置水景或点缀阴湿
小环境，片植、丛植均可。

分布区域： 原产于我国和日本，现广
泛分布在世界温带、亚热带地区。

园艺种类： 金叶石菖蒲。水陆两地栽
培，路边、石旁、花境中均可大量应用，种
植水深不要超过15厘米。金叶石菖蒲是石
菖蒲的变种，叶片上有金色条纹，体形比石
菖蒲要矮小。

金钱蒲。根茎较短，呈丛生状；叶片
质地较厚，线形，绿色。常作为景观植物
盆栽或园林水景时点缀使用。

丛植于石旁

水鬼蕉 *Hymenocallis littoralis*

又名美洲水鬼蕉、蜘蛛兰、蜘蛛百合 /
多年生挺水草本 / 石蒜科，水鬼蕉属

叶基生，呈倒披针形，先端急尖。花葶硬而扁平，实心；伞形花序，有3~8朵小花着生于茎顶，无柄；花径可达20厘米左右，花被筒长裂，一般呈线形或披针形；雄蕊6枚着生于喉部，下部呈杯状或漏斗状副冠，花绿白色，有香气。蒴果卵圆形或环形，成熟时裂开；种子为海绵质状，绿色。

伞形花序，无柄，有3~8朵小花着生于茎顶

基生叶呈倒披针形

生长周期： 水鬼蕉于4月中旬前后萌芽，7月中旬始花，12月初叶片开始枯萎。

生长环境： 喜光照好、温暖湿润的生长环境，喜水，也耐阴，耐旱，不耐寒；喜肥沃的土壤；多生长于浅水区和地下水位较高的土壤中，在乔林下也能生长良好，也可作为室内观叶植物水培或土培。

繁殖方式： 以无性繁殖为主。春季挖出种球，将子球从母球上分离，种植在苗床中，育苗期应注意保温，避免早春伤冻。

种植要领： 用移植法将幼苗植入大田，水体深度在10厘米以内，以土壤肥力高的黏土为佳；可栽于陆地、沼泽地、季节性淹水区或潮湿地；种植密度每平方米9~20株。

养护管理： 12月叶片枯萎之后，植株进入休眠期，应及时修剪地上干枯的残枝，并对根部进行培土，避免地下茎冻伤。

观赏价值： 水鬼蕉叶姿健美，花白色，花形别致，亭亭玉立；孤植、片植、丛植均可，在置石旁、水边林下、水位线两侧等处均可应用。水际线区域可与稍大的挺水植物搭配，如千屈菜、慈姑、黄菖蒲、旱伞草等；在水深梯度可与菖蒲、野茭白、海寿花、荇菜、睡莲等搭配应用，利用植物的种群及高度的落差，来创造水景的层次感。

既适合盆栽观赏又可用于庭院布置或作为花境、花坛用材。

花被筒长裂，呈线形或披针形

花筒下部呈杯状或漏斗状副冠，花有香气

分布区域：原产于美洲热带地区，现我国华南地区栽培较多。

园艺种类：兰科水鬼蕉。为多年生附生草本植物。有假鳞茎；叶线形，绿色；总状花序，花朵形似蜘蛛，花色淡黄，有棕色斑点，芳香四溢，全年都可开放。兰科水鬼蕉喜温暖湿润的半阴环境，不耐寒，怕烈日暴晒。生长期需要有较高的空气湿度，夏季可充分浇水，并给予良好的通风。

花葶实心，直挺，小花无柄

喜水耐旱，在热带地区可以终年生长，可作室内观叶植物

水鬼蕉片植多用于水生地被，布置于水位线两侧的水陆交界处

陆地或水域种植都能生长良好

玉蝉花 *Iris ensata*

又名东北鸢尾、紫花鸢尾 / 多年生挺水草本 /
鸢尾科，鸢尾属

根状茎粗壮，斜伸，基部有棕褐色叶
鞘残留的纤维；须根绳索状，灰白色，有皱
缩的横纹。叶条形，两面中脉明显。花茎圆
柱形，实心，有1~3枚茎生叶；苞片3枚，
近革质，披针形，内包含2朵花；花深紫
色，直径9~10厘米。蒴果长椭圆形，成熟
时自顶端向下开裂；种子棕褐色，扁平，半
圆形，边缘呈翅状。

深紫色的花，直径 9~10 厘米

圆柱形的花茎，实心

生长周期： 南方地区于2月底至3月初
开始萌芽，4~9月为花果期；北方地区3月
下旬开始萌芽，5~8月为花果期。霜冻后地
上部分开始枯萎，进入休眠期。

生长环境： 性喜温暖湿润，耐寒性强，
南方地区露地栽培时，地上茎叶不会完全枯
死；对土壤要求不高，以土质疏松肥沃的土
壤为好；多生长于水边湿地。

繁殖方式： 有性繁殖和无性繁殖均
可。播种繁殖在8月底种子成熟即可播种，
播后4~6周出苗。分株繁殖通常在早春3月
或花凋谢后进行，挖起母株，将根茎分割，
各带2~3芽，分别栽植。

种植要领： 水体种植时，水深在10厘
米以内；南方地区2~12月均可种植，北方

地区不宜在秋冬季种植；种植密度以每平方
米16~25丛、每丛7~10芽为宜。

养护管理： 玉蝉花容易出现叶枯病，
可用65%代森锌可湿性粉剂500倍液喷
洒。生长期容易受蓟马和介壳虫危害，蓟
马可用2.5%溴氰菊酯乳油4000倍液喷杀；
介壳虫用40%乐果乳油1000倍液喷杀。

药用价值： 根状茎有小毒，但可入
药，有清热消食的功效，用于食积饱胀、胃
痛、气胀水肿等症。

观赏价值： 玉蝉花花姿绰约，花色典
雅，花朵硕大，色彩艳丽，花形和花色变

化很大，观赏价值较高；适合片植或丛植在湿地公园、池旁或湖畔点缀，也是做切花的好材料。

分布区域： 主要分布于我国黑龙江、吉林、辽宁、山东、浙江等地；朝鲜、日本及俄罗斯亦有分布。

园艺种类： 花叶玉蝉花。叶片有白色纵向条纹，开花时为圆柱形，花色艳丽，为深紫色，花期在6~7月。不宜大面积种植，更适合在庭院或花境的装饰中使用，也可以做盆栽，有较高的观赏价值。花叶玉蝉花喜温暖、湿润、通风好的环境。

叶片为条形，叶形似剑，花朵姿态端庄，看上去雍容华贵

大面积混种，开花后美不胜收

主要用于湿地公园、公共绿地等

陆地种植时，丛植或片植均可，要求土壤疏松肥沃

姜花 *Hedychium coronarium*

又名蝴蝶姜、蝴蝶花、香雪花、峨嵋姜花 /
多年生挺水草本 / 姜科，姜花属

茎高1~2米。叶互生，呈长圆状披针形或披针形，顶端长渐尖，基部急尖，叶面光滑，叶背生有短柔毛；无柄；叶舌薄膜质。穗状花序顶生，椭圆形；花朵气味芳香，白色；花萼管状，顶端一侧开裂；花冠管纤细，裂片为披针形，后方的1枚呈兜状，顶端具小尖头。

茎高 1~2 米

叶光滑，互生，呈长圆状披针形或披针形

生长周期： 4月中下旬萌芽，9~10月进入盛花期，12月中下旬开始逐渐枯萎。

生长环境： 喜高温、高湿、稍阴的生长环境；在微酸性的肥沃沙质壤土中生长良好；冬季气温降至10℃以下，地上部分枯萎，地下姜块休眠越冬。

繁殖方式： 有性繁殖和无性繁殖均可。生产上多采用分株繁殖，从成年植株丛中截取分株，4~5月种植，当年即可开花，全年每株可分生新株20~40株。

种植要领： 每年4~9月均可进行种植；人工浮岛、湿地及水位线以上区域皆可种植，水体种植时水深通常在30厘米以内；种植密度为每平方米12~20丛，每丛5~8芽。

养护管理： 姜花的叶病发生率较高，主要危害叶片，生长期应注意预防病害。发病初期可以喷洒3.95%病毒必克600~800倍液、20%盐酸吗啉胍可湿性粉剂500倍液等，每隔10天左右喷1次，连续施用2~3次即可消除病害。

药用价值： 姜花的根茎及果实皆可入药。根茎有温中健胃、解表、祛风散寒、温经止痛等功效。果实有温中健胃、解表发汗、散寒止痛等功效，主治脘腹胀痛、寒湿瘀滞等。

观赏价值： 花形优美，花色洁白，可成片种植，或条植、丛植于路边、庭院、溪边、假山间，开花期间似一群美丽的蝴蝶，翩翩起舞，争芳夺艳，无花时则郁郁葱葱，

绿意盎然。

　　分布区域：国外主要分布于印度、锡兰、澳大利亚、马来西亚、越南等地；在我国台湾、广西、广东、香港、湖南、四川、云南等地也有分布。

花萼管状，顶端的一侧开裂

花朵白色，气味芳香

姜花盛开时，如群蝶飞舞于枝头，翩翩起舞，争芳夺艳，非常美丽

在我国华东地区，姜花多作为切花，用来装点室内

溪荪 *Iris sanguinea*

又名东方鸢尾 / 多年生挺水草本 / 鸢尾科，鸢尾属

花蓝紫色，直径 6~7 厘米

根状茎粗壮，斜伸，有灰白色绳索状的须根及皱缩的横纹。叶条形，中脉不明显。花茎光滑，实心，具1~2枚茎生叶；苞片3枚，膜质，绿色，披针形，内包含有2朵花；花蓝紫色，直径6~7厘米；外花被裂片倒卵形，基部有黑褐色的网纹及黄色的斑纹，爪部楔形；内花被裂片直立，狭倒卵形。果实长卵状圆柱形，有6条明显的肋，成熟时自顶端向下开裂至1/3处。

花茎光滑，实心

生长周期：3~4月萌芽，5~6月进入盛花期，7~9月果期结束，秋末霜冻后地上部分枯萎，植株进入休眠期。

生长环境：喜光，也较耐阴，在半阴环境下可正常生长；喜温凉气候，耐寒性强；多生长于灌木林缘、向阳坡地及水边湿地。

繁殖方式：有性繁殖。种子经过催芽处理后，于3月下旬进行播种。

种植要领：用移植法移栽幼苗时，密度以每平方米16~25丛、每丛6~10芽为宜；水体种植时，水深在10厘米以内，陆地种植可选土层疏松、肥力高的碱性土壤。

养护管理：白绢病是溪荪的常见病害，主要危害植株的茎或叶的基部，高温多湿、土壤贫瘠板结时发病率高。保持适当通风、避免栽培过密、定期喷洒50%多菌灵可湿性粉剂500倍液或50%托布津可湿性粉剂500倍液等方法均能有效预防。

药用价值：溪荪的根及根状茎可入药，有消积行水的功效，主治胃脘胀痛、食积腹痛、大便不通、疔疮肿毒等症。

观赏价值：溪荪花色艳丽而丰富、株形俊美、抗寒能力强、观赏价值高。可作林下观赏植物、绿地片植、草地点缀。溪荪水陆两地均能种植，常被片植于水位线两侧，可与旱伞草、千屈菜等挺水植物搭配应用。

生态价值：溪荪对铜有较好的富集力，可用于轻度和中度铜污染土壤的修复和美化。

分布区域：分布于我国黑龙江、吉林、辽宁、内蒙古等地；日本、朝鲜及俄罗斯亦有分布。

陆地种植，丛植或片植均很常见

花大而美丽，花姿绰约，花色优雅

雨久花 *Monochoria korsakowii*

又名水白菜、蓝鸟花 / 一年生挺水草本 /
雨久花科，雨久花属

直立挺出水面

茎生叶叶柄渐短，基部增大成鞘

花蓝色

根状茎粗壮，有柔软的须根。茎直立，全株光滑无毛，基部有时带紫红色。基生叶为宽卵状心形，全缘，有多数弧状脉；叶柄有时膨大成囊状；茎生叶的叶柄渐短，基部增大成鞘，抱茎。总状花序顶生，或再聚成圆锥花序；花梗长5~10毫米；花被片为椭圆形，蓝色；有雄蕊6枚，花药浅蓝色，花丝丝状。蒴果长卵圆形。种子长圆形，有纵棱。

生长周期： 5月开始萌芽，7~9月为盛花期，9~10月为果期，一年生植物，冬季植株枯死。

生长环境： 喜温暖，耐寒，在18~32℃的温度范围内生长良好；多生长于浅水池、水塘、沟边、沼泽地和稻田中。

繁殖方式： 有性繁殖。播种前对基质进行消毒，把种子放到锅里炒热，将病虫烫死，然后用温热水浸泡种子3~10小时，直到种子吸水并膨胀起来，再进行播种，播种后应保持盆土湿润，浇水时力度不能太大，以免把种子冲起来。当幼苗长出3片或3片以上叶子后，用移植法将幼苗栽入大田。

种植要领： 种植密度为每平方米12~25丛；水体深度30厘米以内，水体透明度在25厘米以上。

养护管理： 在良好的管理条件下，雨久花不易患病，亦较少受到动物的侵袭。在露天水养时，雨久花常会招致蚊虫滋生，可在水塘、盆器中投放一些小型鱼类，以清除孑孓。

药用价值： 雨久花全草可入药，有清热解毒、止咳平喘、祛湿消肿等功效，用于咳喘、小儿丹毒。

观赏价值： 雨久花花大而美丽，淡蓝色，叶色翠绿、光亮、素雅，在园林水景布置中常与水毛花、水蓼、狼尾草、水葱、海寿花、水罂粟等水生观赏植物搭配应用；也可单独成片植于池边、水体的边缘。

分布区域： 在我国东北、华北、华中、华东和华南等地均有分布；朝鲜、日本、俄罗斯等国亦有分布。

园艺种类： 鸭舌草。根状茎极短，须根柔软；茎直立或斜上；叶片形状和大小变化较大，由心状宽卵形、长卵形至披针形。全草入药，具有清热解毒、消痛止血之功效，可以用来治疗肠炎、痢疾等症。鸭舌草的花果期为8~10月。

总状花序顶生

旱伞草 *Cyperus involucratus*

又名风车草 / 多年生挺水草本 / 莎草科，莎草属

高40~160厘米，茎秆粗壮，直立生长，茎近圆柱形，丛生。叶状苞片呈螺旋状排列在茎秆的顶端，向四面辐射开展，扩散呈伞状。聚伞花序，有多数辐射枝，每个辐射枝端常有4~10个第二次分枝，小穗多个，密生于第二次分枝的顶端。果为小坚果，椭圆形近三棱形。

叶状苞片排列在茎秆的顶端

粗壮的茎秆直立生长，近圆柱形，丛生

生长周期： 4月上旬开始萌芽，6月开花，8~10月为果期，霜冻后地上部分枯萎，进入休眠期。

生长环境： 喜温暖湿润的生长环境，要求有通风并有阳光照射，但忌强光暴晒；土壤要求湿润，以腐殖质比较多的黏土为宜；不耐寒，冬天的温度要求不低于5℃。

繁殖方式： 有性繁殖和无性繁殖均可。有性繁殖于3~4月，用撒播法把种子撒入有培养土的盆内，覆盖上薄土，浇足水，保持盆土的湿润，10天后可发芽。分株繁殖适宜在3~4月进行，把母株挖出，分切成数丛，随分随种。扦插繁殖最为常用，剪取茎秆顶端，带叶插入苗床即可。

种植要领： 水位线以上或水体中均能种植；种植密度为每平方米6~16丛，每丛10~20芽。

养护管理： 旱伞草喜肥，主要采用少肥多施的方式，在春、夏季可以用一点复合肥，用量一定要少。

观赏价值： 旱伞草株丛茂密，叶形别致，可盆栽也可做水培或插花材料。丛植或片植于置石、假山、水陆交界区域等处，是装饰水际线的好材料。

生态价值： 旱伞草对氮、磷和其他有害气体，有较高的去除率，是一种既可观赏，又可净化水质的优良植物。

分布区域： 我国的黄河流域及其以南

聚伞花序，有多数辐射枝

人工培育的旱伞草

各地均有栽培。

园艺种类：天景伞草。叶状苞片比旱

伞草的短，质地较厚，有光泽，有较好的抗寒性。在南方地区呈常绿状。

株丛茂密，叶形别致，经常作为庭院造景的好材料

常常置于石旁，水陆交界处可大量种植

浅滩处野生的旱伞草，适应性非常强

可养于室内观叶，也可作水培或切叶应用

水蜈蚣 *Kyllinga brevifolia*

又名短叶水蜈蚣 / 多年生挺水草本 /
莎草科，水蜈蚣属

呈窄线形的叶，
基部鞘状抱茎

秆呈扁三棱形

水蜈蚣全株光滑无毛，丛生，有匍匐根状茎。形似蜈蚣，生有数节，节下生有须根，每节上有一小苗；秆成列散生，较纤弱，呈扁三棱形。叶为窄线形，基部鞘状抱茎。球形、黄绿色的头状花序生于秆顶，密生多数小穗，小穗为长圆状披针形或披针形，压扁，有1朵花；下面有向下反折的叶状苞片3枚，因此又被称为"三荚草"。坚果卵形，极小。

生长周期： 2月底至3月初萌芽，5~9月为花果期，霜冻后地上部分开始逐渐枯萎。

生长环境： 性喜水，也耐旱，可水陆两生；多生于溪沟、农田、潮湿地及湖泊、水库消落区等处。

繁殖方式： 以无性繁殖为主。春季以3~5芽一丛，株行距均为20厘米的密度进行分株繁殖。

种植要领： 可用移植法或容器苗移植法来种植；水体深度在10厘米以内，亦可陆地种植，基质以软质或沙质底泥为宜，pH值6.0~8.5；种植密度为每平方米35~50丛，每丛8~10芽。

养护管理： 生长期及时清理杂草，水位控制在10厘米内为佳。

药用价值： 根茎可入药，有祛瘀、消肿、止痛、杀虫、舒筋、活络等功效，可治风寒感冒、寒热头痛、筋骨疼痛、咳嗽、疟疾、黄疸、痢疾、疮疡肿毒、跌打刀伤等。

观赏价值： 植株矮小而茂密，翠绿如茵。可片植、丛植，适用于装饰小型水景，亦常作为水陆交界线的装饰。

分布区域： 主要分布于我国江苏、安徽、浙江、福建、江西、湖南、湖北、广西、广东、四川、云南等地。

球形、黄绿色的头状花序

可水陆两生

野生的水蜈蚣，喜水耐旱，生命力顽强

埃及莎草 *Cyperus prolifer*

又名细叶莎草 / 多年生挺水草本 / 莎草科，莎草属

埃及莎草丛生，全株苍绿，秆高30~60厘米。茎秆为三棱形，实心，茎节不明显。叶为条状披针形。花序顶生，在花葶顶端长出细丝般排成伞形的苞叶，放射状分布，有簇生小穗。

生长周期： 4月上旬萌芽，5~9月进入花果期，秋后遇霜则地上部分逐渐枯萎，地下茎越冬。

生长环境： 喜温暖的气候环境，喜湿耐旱，有一定耐阴性，在全日照的条件下长势良好；多生于湖泊、池塘湿地、河岸或排水沟渠。

繁殖方式： 无性繁殖为主。扦插繁殖，只需剪下带叶的茎秆顶端插入苗床即可。

种植要领： 水体深度保持在40厘米以内，在水位线以上、季节性淹水区或潮湿地均可种植；种植时间以4~10月的生长期为宜；种植密度为每平方米20~25丛，每丛30~50芽。

养护管理： 入秋后经过霜冻期，地上部分植株枯萎后应及时清理，对根部进行培土保温。

观赏价值： 埃及莎草的植株密集成丛，茎叶优雅，群体效果好，可于庭园水景边缘种植，丛植、片植或孤植均可。埃及莎草有水陆两栖的特点，可种植在水际线两侧，水际线区域可与千屈菜、少花象耳草、泽泻、海寿花等挺水植物搭配；水深梯度可与睡莲、水罂粟等植物搭配。

分布区域： 原产于非洲，现我国长江以南地区均有栽培。

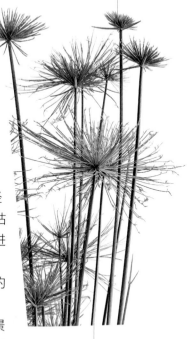

顶生花序，可见伞形的苞叶

秆高30~60厘米，三棱形，实心

星光草 *Rhynchospora colorata*

又名白鹭莞、星光莎草 / 多年生挺水草本 /
莎草科，刺子莞属

星光草的植株矮小，株高仅有30~
60厘米，秆直立挺拔。丛生叶为线形或
剑形叶，极窄。花序顶生，苞片基部白
色，先端渐绿；花序白色，花丝为淡
黄色。瘦果。

生长周期：3月中旬开始萌芽，5
月开花，花期可延续至11月初。

生长环境：喜温暖，耐高温，喜
光，以潮湿的壤土为佳。

繁殖方式：主要采用分株的方法进行
繁殖，春季时按丛起苗，3~4芽为一丛，插
苗的秆茎高度约30厘米即可。

种植要领：宜种植于肥力好、潮湿的
土壤中，水体深度在20厘米以内；种植密
度为每平方米36~49丛，每丛10~15芽。

养护管理：生长期预防杂草入侵，秋
后预防冻害。

观赏价值：植株纤细飘逸，花朵洁

直立秆十分挺拔

叶丛生，为
线形或剑形
叶，极窄

白，可盆栽也可用于装饰小型水景。丛植
或片植在水际线，可与马蹄莲、慈姑、少
花象耳草搭配应用；水深梯度可与千屈
菜、花菖蒲、睡莲等植物搭配。

分布区域：原产于北美洲；现我国华
东、华南、西南等地均有栽种。

因其花苞片会向外扩展下垂，远看颇像天上的星芒，
故有"星光草"之称；亦有人认为其扩展的雪白苞
片仿佛白鹭展翅而称它"白鹭莞"，十分浪漫唯美

苞片基部白色，先端渐绿

花白色，花丝为淡黄色

丛植星光草，经常用于庭院别墅区或阳台绿化等

星光草的植株矮小，株高仅有30~60厘米，但因茎秆修长，看上去亭亭玉立

星光草造景，可盆栽赏玩

萤蔺
Schoenoplectiella juncoides

多年生挺水草本 / 莎草科，萤蔺属

丛生，根状茎短，有须根。秆稍坚挺，呈圆柱状，少数近于有棱角；鞘的开口处为斜截形，顶端急尖或圆形，边缘为干膜质，无叶片。小坚果宽倒卵形，或倒卵形，平凸状，稍皱缩，成熟时黑褐色，有光泽。

秆稍坚挺，圆柱状，少数近于有棱角

鞘的开口处为斜截形，干膜质边缘，无叶片

生长周期：3月上旬萌芽，7月上旬开花，花期可持续到10月上旬，11月中旬开始逐渐枯萎。

生长环境：喜湿不耐旱，多生长在路旁、荒地潮湿处，或生于水田边、池塘边、溪旁、沼泽中。

繁殖方式：以无性繁殖为主，在生长期将植株分成5~10芽的小丛，种植于苗床即可，种植后做好水肥管理。

种植要领：用移植法来栽种幼苗，密度为每平方米9~16丛，每丛50~80秆；水体深度控制在30厘米以内，以软质底泥、pH值为6.0~8.5的基质为宜。

养护管理：种植1~2年之后，对植株进行疏除，避免密度过大造成提前枯萎；入冬后应及时清理地上部分的残枝。

观赏价值：挺直秀丽，青翠可爱，可片植或丛植；在水际线区域和水深梯度均可应用。

分布区域：我国除内蒙古、甘肃、西藏外，各地均有分布；印度、缅甸、马来西亚及澳大利亚亦有分布。

萤蔺在野外一般仅见于水域，偶尔能在季节性淹水地发现它们的身影

萤蔺喜湿畏旱，一般不见于旱生环境

虉草
Phalaris arundinacea

又名草芦、园草芦 / 多年生挺水草本 /
禾本科，虉草属

叶片为灰绿色

茎秆通常单生
或少数丛生

具根状茎；秆较粗壮，茎秆通常单生或少数丛生，高60~140厘米。叶鞘无毛；叶片为灰绿色。圆锥花序紧密狭窄，分枝上密生小穗；小穗长4~5毫米，有3朵小花，下方2朵退化为条形的不孕外稃，顶生花为两性。种子淡灰至黑色，长约3毫米。

生长周期：3~4月是生长旺盛期，4~5月为花果期，6月后地上部分植株枯萎，进入休眠期，到9月开始重新萌芽。

生长环境：多生于溪边或潮湿草丛中，季节性淹水地、路旁、河流、湖泊浅水区等地也常见；在有机质含量高的沙土中生长良好，也适应于肥沃的壤土和黏土；较抗旱。

繁殖方式：以无性繁殖为主。9月萌芽，按丛起苗，然后以3~5芽一丛种植于苗床即可。

种植要领：用移植法种植幼苗，在每年的11月至翌年的4月均可进行；种植密度为每平方米9~16丛，每丛8~12芽。

药用价值：虉草入药有调经、止带的功效，可治月经不调、赤白带下等症。

生态价值：虉草生长茁壮，可蔓延生长，能防止土壤被流水侵蚀，是维护河道堤岸的理想植被。

分布区域：分布于我国东北、西北、华北、华中地区；在欧洲、亚洲（温带地区）、非洲亦有分布。

园艺种类：玉带草。根部粗而多节，上茎挺直，有间节，茎部粗壮近木质化。叶互生，弯曲下垂，叶片为宽条形，抱茎，边缘浅黄色条或白色条纹，圆锥花序长10~40厘米，小穗通常有4~7朵小花；花序形似毛帚。玉带草性喜光，喜温暖湿润的气候，湿润肥沃土壤，耐盐碱。

适宜于较小体量水系，家庭园艺或花境中应用

玉带草叶片具银色纵向条纹，植株较原株矮小

叶浅绿色，成片着生，随风摇曳时能带来别样的风情

101

千屈菜 *Lythrum salicaria*

又名水枝柳、水柳、对叶莲 / 多年生挺水草本 /
千屈菜科，千屈菜属

小聚伞花序，簇生并组
成一个大型的穗状花序

青绿色的
茎直立，
多分枝

叶呈披针形或
阔披针形

茎直立，呈方柱形，多分枝，青绿色，略被粗毛
或密被绒毛。叶对生或三叶轮生，呈披针形或阔披针
形，顶端钝或短尖，基部圆形或心形，有时略抱茎，灰
绿色，全缘，没有叶柄。小聚伞花序，簇生，因花梗和总
梗极短，所以花枝全形组成一个大型的穗状花序；苞片为
阔披针形至三角状卵形、三角形；直立的附属体为针状；
筒状花萼为灰绿色；花瓣为红紫色或淡紫色、基部楔形的
倒披针状长椭圆形，着生在萼筒上部，稍皱缩。扁圆形的
蒴果全包在宿存花萼内。

生长周期： 南方地区在2月中下旬开始
萌芽，5月初开花，6月进入盛花期，花期
可延续至10月底；北方地区于3月中下旬开
始萌芽，6~9月为盛花期。入秋霜冻后，地
上部分开始枯萎。

生长环境： 喜温暖、光照充足、通风
好的环境；比较耐寒，喜水湿，多生长在沼
泽地、水旁湿地和河边、沟边；对土壤要求
不高，在土质肥沃的塘泥基质中花色艳，长
势强壮。

繁殖方式： 以无性繁殖为主。可分株
或扦插繁殖，早春或秋季分株，春季用嫩枝
扦插繁殖。

种植要领： 可水陆两地种植，水体种
植时水深不要超过55厘米；种植密度为每

平方米6~25株，疏密可视苗种规格进行
调整。

养护管理： 造景种植应在初秋对植株
进行修剪，促进萌发新芽；霜冻后将枯萎
部分清理干净，保证休眠期地下茎的养分
充足。

药用价值： 全草入药，有清热、凉
血、收敛、止泻等功效；可治痢疾、崩漏、
吐血、外伤出血、疮疡溃烂等症。

观赏价值： 枝叶茂密，开花繁茂，花
色鲜艳，花期长，将千屈菜片植于水际线两
侧，别有韵味。

分布区域： 我国各地均有栽培；在亚
洲、欧洲、非洲、北美洲和大洋洲等地亦有
分布。

耐一定程度的干旱与贫瘠，可于陆地种植

植于小型水系中

千屈菜提取物具有抗炎和止痛作用，还有一定的抗氧化作用

花为红紫色或淡紫色，盛开时姹紫嫣红，美不胜收

可做插花，放于室内观赏，具有别样的美感

野生千屈菜常成片出现，盛花期是野外一道迷人的风景

丛植于水岸线边缘

石龙芮 *Ranunculus sceleratus*

又名苦堇、水堇、鬼见愁、小水杨梅、水姜苔 /
二年生挺水草本 / 毛茛科，毛茛属

石龙芮有簇生的须根。茎直立，高50厘米左
右。基生叶为肾状圆形，基部心形，3深裂不
达基部，裂片倒卵状楔形，顶端钝圆，有粗
圆齿，无毛；茎生叶下部叶与基生叶相似，
上部叶较小，3全裂，裂片披针形至线形，
全缘，顶端钝圆，基部扩大成膜质宽鞘抱茎。
有小花多数，呈聚伞花序，花径4~8毫米；有花瓣
5片，呈倒卵形，基部有短爪，蜜槽呈棱状袋穴。
聚合果长圆形，有瘦果多数，排列紧密，呈倒卵球
形，稍扁。

上部叶较小，
全缘

茎直立，高
50厘米左右

生长周期： 石龙芮的种子于9月发芽，
翌年4~5月为花果期，果熟后植株枯萎。

生长环境： 生于平原湿地或河沟边，
甚至生于水中。性喜热带、亚热带温暖潮
湿的气候，野生于水田边、溪边、潮湿地
区，忌土壤干旱，在肥沃的腐殖质土中生长
良好。

繁殖方式： 有性繁殖。当季的种子采
集后于同年9月可进行播种育苗，因种子细
小，播种后需覆盖少许草皮灰及薄层稻草，
之后浇透水，播种后10~15天可出苗。

种植要领： 待苗高7厘米左右时进行
移植，按株行距15厘米×15厘米的密度定
植；可种植在季节性淹水地或潮湿土壤中，
基质以肥沃的中性土壤为佳。

养护管理： 在干旱天气，尤其是湿度
低、温度高时容易发生干叶病，可适当进行
人工补水降温来预防。待雨季来临，湿度增
高，温度降低，病况会渐渐好转。

药用价值： 石龙芮入药有消肿、拔
毒、散结、截疟等功效，可治淋巴结核、疮
毒、风寒湿痹、下肢溃疡及毒蛇咬伤等症。

观赏价值： 株形正，花黄叶翠，形态
特殊，可沿水际线呈带状种植，也可作潮湿
地的地被植物。

分布区域： 我国各地均有分布；在亚
洲、欧洲、北美洲的亚热带至温带地区广有
分布。

呈聚伞花序的小花多数，花径 4~8 毫米

花瓣 5 片，呈倒卵形

基生叶为肾状圆形，基部心形

湿地种植喜肥沃、中性的土壤，
在季节性淹水地上也能生长良好

水岸线种植可呈带状，能带来别致的自然野趣感

盒子草 *Actinostemma tenerum*

又名合子草、黄丝藤、天球草 / 一年生
挺水草本 / 葫芦科，盒子草属

叶片边缘波状，或
有小圆齿或有疏齿

枝纤细

枝纤细，密生长柔毛，后脱落。
叶柄较细，有短柔毛；叶形变异大，
心状戟形、心状狭卵形或披针状三角
形，不分裂或3~5裂或仅在基部分裂，
边缘波状，或具小圆齿或具疏齿，基
部弯缺半圆形、长圆形、深心形，裂片
顶端狭三角形，先端稍钝或渐尖，顶端
有小尖头，叶两面生有稀疏的疣状凸起。
花序轴细弱；花萼裂片线状披针形，边缘有
疏小齿；花冠裂片披针形，先端尾状钻形。果实绿
色，卵形或圆卵形，自近中部盖裂，果盖锥形；内有种子2~4枚，种子表面有不规则雕纹。

生长周期：3月初可以
播种，6~11月为花果期，
11月底霜后植株逐渐枯死。

生长环境：喜湿，耐
阴，多生长在山坡阴湿处草
丛中或沟边灌丛中。

繁殖方式：一般以有性
繁殖为主，采收当季的种子
于翌年春季播种。

种植要领：用移植法
栽种幼苗，水体深度为20
厘米左右，选择软质底泥为
基质；种植密度以每平方米
2~4株为宜。

养护管理：夏、秋两季
须防治虫害。

药用价值：全草可入
药，有利尿消肿、清热解

毒、去湿之效。种子含油，
可制肥皂，油饼可做肥料。

分布区域：在我国主要
分布于辽宁、河北、河南、
山东、江苏、浙江、安徽、
湖南、四川、西藏、云
南、广西、江西、福建、
台湾等地；朝鲜、日本、
印度等国亦有分布。

水生植物中难得的攀缘草本

果实绿色，卵形或圆卵形

种子表面有不规则雕纹

池杉
Taxodium distichum var. imbricatum

又名池柏 / 挺水落叶乔木 / 柏科，落羽杉属

绿色的小枝细长，略向下弯垂

树皮褐色，纵裂

叶多为钻形，略向内曲

池杉为落叶乔木，树干基部膨大，在低湿地生长会长出屈膝状吐吸根；树皮褐色，纵裂呈长条片脱落；枝向上展，树冠常较窄，呈尖塔形；小枝为绿色，细长，略向下弯垂。叶多为钻形，略向内曲，常在枝上螺旋状伸展，下部多贴近小枝，基部下延。球果圆球形或长圆状球形，有短梗，种子呈不规则三角形，略扁，红褐色，边缘有锐脊。

生长周期： 3月初开始萌芽，3月下旬至4月下旬为花期，5~10月为果期。

生长环境： 喜温暖湿润、阳光充足的生长环境，耐旱，耐寒；喜深厚、疏松、湿润的酸性土壤，多生长于沼泽地区。

繁殖方式： 可采用播种育苗，也可采用扦插育苗。采种后翌年3月，经过浸种催芽后再播种；苗床宜选择疏松、排水良好、有机质含量高、微酸性的沙土。

种植要领： 移植幼苗时，水体深度不要超过苗体高度的二分之一；在季节性淹水区、沼泽、潮湿地或旱地均可种植；种植的株行距为2~3米。

养护管理： 肥料管理是池杉养护的重要部分。夏、秋季以氮肥为主；秋后施磷钾肥或钾肥，能提升池杉的耐寒能力；立冬后以有机肥为主，以改进土壤结构。

观赏价值： 树形挺拔优美，枝叶秀丽，秋后叶色红艳，是观赏价值很高的园林树种，适合水边湿地成片栽植，孤植或丛植也可。

分布区域： 原产于北美洲；现我国华东、华中、华南、中南、西南等地均有栽培。

园艺种类： 落羽杉。树冠在幼年期呈圆锥形，老树则开展成伞形，树干尖削度大，基部常膨大而有屈膝状的呼吸根；树皮呈长条状剥落；枝条平展，大树的小枝略下垂。喜温暖，耐水湿，能生长于浅沼泽中，亦能生长于排水良好的陆地上。多栽培于我国广州、杭州、上海、南京、武汉等地，庐山风景区也多见。落羽杉的树形整齐美观，近羽毛状的叶丛极为秀丽，入秋之后叶变成古铜色，是良好的秋色叶树种。

秋后叶色红艳，颇为壮观

池杉的膝根

圆叶节节菜 *Rotala rotundifolia*

又名小圆叶、假桑子、水龙须、水酸草 /
多年生挺水草本 / 千屈菜科，节节菜属

叶对生，近圆形、阔
倒卵形或阔椭圆形

圆叶节节菜的葡匐茎细长；地上茎单一或少有分枝，直立，丛生，高5~30厘米，微带紫红色。叶对生，无柄或稍有短柄，近圆形、阔倒卵形或阔椭圆形，顶端圆形，基部钝形，或无柄时近心形。花单生于苞片内，组成顶生稠密的穗状花序，花极小，近无梗，为淡紫红色。蒴果椭圆形，有3~4瓣裂。

花极小，为淡紫红色

生长周期： 早春2月底即可萌芽，5~7月为花果期，霜冻后地上部分开始枯萎，沉水叶在水下可常绿。

生长环境： 喜温暖、潮湿的生长环境，对土壤要求不高，以肥沃疏松的沙壤土或腐殖质较多的壤土为好，忌干旱；多生于水田或潮湿的地方。

繁殖方式： 以无性繁殖为主。在生长期用分株法和扦插法进行繁殖。

种植要领： 在生长期均可进行幼苗种植，密度以每平方米36~49丛、每丛10~15芽为宜；挺水水深10厘米以内，沉水水深50厘米以内，水质透明度50厘米左右；基质以软质或沙质底泥为佳。

药用价值： 全草可入药，有清热解毒、健脾利湿、消肿等功效，可治肺热咳嗽、痢疾、黄疸、小便淋痛等症；外用可治痈疖肿毒。

观赏价值： 圆叶节节菜的植株矮小秀丽，适宜在水景岸边或小型水系景观中应用；也可作为沉水植物应用于水族箱中。

分布区域： 在我国广东、广西、福建、台湾、浙江、江西、湖南、湖北、四川、贵州、云南等南方地区有分布；在印度、马来西亚、斯里兰卡及日本亦有分布。

小婆婆纳 *Veronica serpyllifolia*

又名百里香叶婆婆纳、仙桃草、海天之星 /
一年生或多年生挺水草本 / 车前科，婆婆纳属

茎丛生，下部匍匐生根，中上部直立。叶无柄或近无柄；叶为卵圆形至卵状矩圆形，边缘有浅齿缺，极少为全缘，有明显的3~5出脉或为羽状叶脉。总状花序多花，单生或复出；花冠蓝色、紫色或紫红色。蒴果肾形或肾状倒心形，基部圆或几乎平截，边缘有一圈多细胞腺毛。

生长周期：2~4月开始萌芽生长，5月始花，花期可持续至10月，遇霜后地上部分枯萎；在北方地区为一年生植物。

生长环境：性喜温暖，耐高温，畏寒冷，全日照及半日照的条件下均可生长良好。

繁殖方式：无性繁殖为主。分株法或扦插法均可。

种植要领：种植密度可视植株规格而定，一般达到覆盖度50%即可；挺水种植时水体深度在20厘米以内，基质以软质底泥为宜。

养护管理：种植1~2年后，应对植株进行修剪、疏除，以免密度过大造成叶片缺氧枯黄。

分布区域：在我国东北、西北、西南等地有分布，以湖南、湖北两省较为常见。

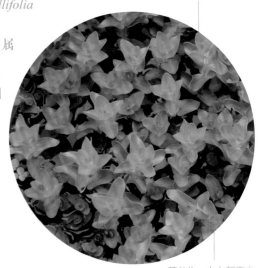

叶为卵圆形至卵状矩圆形，极少为全缘

茎丛生，中上部直立

菩提子 *Coix lacryma-jobi*

又名川谷、五谷子、野五谷 / 多年生挺水草本 /
禾本科，薏苡属

叶片线状披针形或
剑形，边缘粗糙

颖果椭圆形，内有
扁圆形种子

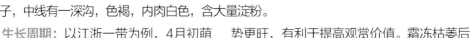

须根较粗，黄白色。茎丛生，直立，具节，高1~1.5米。叶片线状披针形或剑形，长10~14厘米，宽1~4厘米；边缘粗糙，中脉粗厚，于背面突起；叶面绿色，叶背面淡绿色；叶鞘光滑。总状花序腋生成束；雌小穗位于下部，外面包以骨质念珠状的总苞；雄蕊退化；雌蕊具长花柱；雄小穗常2~3枚生于1节；颖果椭圆形，外包坚硬的总苞，内有扁圆形种子，中线有一深沟，色褐，内肉白色，含大量淀粉。

生长周期： 以江浙一带为例，4月初萌芽，8月始花，9月底终花，11月初枝叶开始枯黄。

生长环境： 适应性广，抗逆性强，病虫害少，喜温暖、潮湿的环境，忌高温闷热，喜水，忌干旱，不耐寒，最适宜在昼夜温差大的地区种植。栽培土壤以肥沃潮湿、中性或微酸性、保水性能良好的土质最为适宜。

繁殖方式： 有性繁殖和无性繁殖均可。无性繁殖在春季4月按丛起苗，按萌发的芽分小丛，种植于围地，种植后加强肥水管理即可。有性繁殖则将年前采集的种子撒播于苗床上并覆土，发芽并出苗后须加强水肥、杂草和间苗的管理。

养护要领： 9月修剪后，萌发的新芽长势更旺，有利于提高观赏价值。霜冻枯萎后要及时修剪清理。

药用价值： 种仁富含淀粉，可供食用。茎、叶可作造纸原料。具有清热利湿、通淋止血、消积杀虫等功效，入药可调治血淋、乳糜尿、水肿、小便不利、湿热引起的皮肤瘙痒。

观赏价值： 禾秆高大丛生，秆叶密实，禾叶飘逸，果光滑，色丰富，串珠成链，奇特可爱。丛植或片植均可。

分布区域： 常生于山野、路旁、溪畔等阴湿处，我国大部分地区均有分布，现多有人工栽培。印度、缅甸、泰国、越南、马来西亚、印度尼西亚、菲律宾等国也有分布。

果可串珠成链，诚心可表

野外常丛生于阴湿处

第三章

浮叶植物

浮叶植物的叶片背面在水体中，而叶片表面暴露于水面，可以直接接受阳光照射并接触空气，加之夏季高温时，由于叶背处于水体，能降低叶温，有助于充分利用光能。需要指出的是，当浮叶植物过于拥挤时，其部分叶能挺出水面，呈莲座状，从而提高光能利用率。常见的浮叶植物有睡莲、芡实、野菱、蕹菜、荇菜等。

王莲 *Victoria amazonica*

一年生或多年生浮叶草本 / 睡莲科，王莲属

丛生，根状茎短，有须根。秆稍坚挺，呈圆柱状，少数近于有棱角；鞘的开口处为斜截形，顶端急尖或圆形，边缘为干膜质。小坚果宽倒卵形，或倒卵形，平凸状，稍皱缩，成熟时黑褐色，有光泽。我国仅在海南及云南部分地区为多年生，其余为一年生。

生长周期：王莲4月初萌芽，花期为6~10月，傍晚伸出水面开放。第一天花瓣为白色，次日逐渐闭合，傍晚再次开放，花瓣变为淡红色至深红色，第三天，花瓣闭合并沉入水中；11月后逐渐衰败，遇霜死亡。

生长环境：喜高温高湿，不耐寒，气温降到20℃时生长停滞；王莲喜肥沃深厚的污泥，但不喜水过深，多生于河湾、湖畔水域中。

繁殖方式：有性繁殖。通常在2月下旬至3月下旬开始加温浸种催芽，水温宜控制在30~33℃；播种后经过针叶、戟叶和浮叶，40~60天，叶径在20厘米以上才可出圃。

种植要领：通过移植法将幼苗脱盆种植，种植前施足底肥；适宜种植在阳光充足、底泥肥沃、无大风浪的水体环境中，初期水体深度为20厘米左右，以叶片能露出水面为宜，后期再逐渐提高水位，以不超过1米为好。

养护管理：种植初期应预防虫害威胁；盛花期保证肥力充足；植株枯死后应及时清理干枯的残枝枯叶，避免其污染水源。

食用价值：王莲的果实含有丰富淀粉，可食用，素有"水玉米"之称。

观赏价值：王莲是园林水景中重要的观赏植物之一，在大型水体中片植成群体，气势恢宏；若与荷花、睡莲等水生植物搭配，可以创造出别致的水体景观。

花很大，单生，浮于水面

叶片巨大，叶缘上翘呈盘状，叶片圆形，浮在水面

花色有红有白，还有粉色的

花瓣数目很多，呈倒卵形

分布区域： 原产于巴拉圭及阿根廷地区；现我国各地均有栽培。

园艺种类： 亚马孙王莲。原产于南美洲热带水域，多生于河湾、湖畔水域。叶片最大直径可达3米以上，背部叶脉粗壮，板状隆起并纵横交错，可承受60~70千克的物体而不下沉。喜高温、高湿、阳光充足的生长环境。

科鲁兹王莲。原产于巴拉圭及阿根廷地区，其形态基本同亚马孙王莲，不同之处是，科鲁兹王莲的叶直径大于亚马孙王莲，叶的叶缘上翘，直立的边缘比亚马孙王莲高近1倍，而花色也淡于亚马孙王莲。花果期7~9月。

尚未完全展开的亚马孙王莲叶子

科鲁兹王莲的叶子背面和叶柄有许多坚硬的刺，叶脉为放射网状

长木杂交种王莲叶片巨大，往往能布满整个池塘

亚马孙王莲叶缘微翘，叶片呈微红色，叶脉为红铜色

科鲁兹王莲叶片深绿色，与亚马孙王莲微红的叶片有明显区别

田字苹 *Marsilea quadrifolia*

又名四叶苹、十字苹 / 多年生浮叶或挺水植物 /
苹科，苹属

根状茎葡匋细长，横走，多分枝，顶端有淡棕色毛，茎节远离，向上出一叶或数叶。叶柄长20~30厘米，叶由4片倒三角形的小叶组成，呈"十"字形，外缘半圆形，两侧截形，叶脉扇形分叉，网状，网眼狭长，无毛。

生长周期：南方地区3月下旬至4月上旬从根茎处长出新叶，5~9月继续扩展或形成新的根芽和根茎，9~10月产生孢子囊，11~12月孢子成熟。

生长环境：喜生于池塘、水田、沟边，是一种稻田常见杂草；幼年期沉水，成熟时浮水、挺水或陆生，在孢子果发育阶段需要挺水。

繁殖方式：用孢子果作为传播体，可在泥中靠水扩散。

种植要领：水体种植深度控制在80厘米以内，在季节性淹水地、潮湿洼地均可种植，以软质底泥为宜；每年的4~9月为最佳种植期；种植密度为每平方米36~49丛，每

叶片呈"十"字形，十分别致

— 叶柄长 20~30 厘米

丛3~5芽。

药用价值：全草可入药，有清热解毒、消肿利湿、止血、安神的功效。

观赏价值：整体形态美观，适合在小环境水体中应用，配以水蓇粟、睡莲、莼菜等。

分布区域：分布于我国长江以南各地区；世界热带至温暖地区均有分布。

田字苹的挺水叶

田字苹盆栽

同时具备挺水叶与浮水叶

横走的茎，多分枝

浮桥造景，郁郁葱葱，生命力极其旺盛

田字苹的浮水叶

野外喜丛生于池塘、水田或沟边

粉绿狐尾藻 *Myriophyllum aquaticum*

又名羽毛草、布拉狐尾、凤凰草、绿凤尾 /
多年生浮叶草本 / 小二仙草科，狐尾藻属

羽状复叶轮生的叶片

茎直立，株高
50~80 厘米

粉绿狐尾藻为雌雄异株，株高50~80厘米。茎直立。有二型叶，羽状复叶轮生，沉水叶每轮4~7枚，黄绿色；挺水叶每轮6枚，深绿色。穗状花序，花细小，直径约2毫米，白色。

生长周期： 3月初开始萌芽，11月霜后，水上部分枝叶逐渐枯黄。

生长环境： 生长适应性强，喜阳光充足的生长环境；喜温暖，稍耐寒，喜水，也耐干旱，在潮湿地长势良好。

繁殖方式： 以无性繁殖为主。在生长季节将母株按茎长30~50厘米的长度进行分段，按株距20厘米、行距30厘米的密度，直接插入苗床中。

种植要领： 种植时水体深度不限，基质以软质底泥为宜，pH值以6.0~8.0为好；种植密度为每平方米80~100条；用移植或扦插法进行种植。

养护管理： 生长适应性与侵占性强，需适时控制其生长范围。在夏、秋季须注意斜纹夜蛾的侵害。

观赏价值： 适合室内水体绿化，也是装饰水族箱的良好材料，在水族箱中栽培时，常作为中景、背景草使用。

分布区域： 原产于阿根廷、巴西、乌拉圭、智利；现我国华中、华南、华东等地多有栽培。

挺水叶为深绿色

沉水叶为黄绿色

与睡莲进行水面配置，作圈养，营造出绿岛景观

陆地栽培可点缀环境，亦能片植构成群体景观

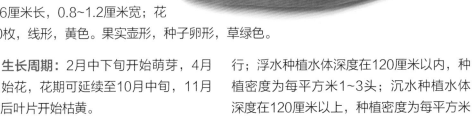

花黄色　　　　　　　　　浮水叶近于圆形

萍蓬草 *Nuphar pumila*

又名黄金莲、萍蓬莲 / 多年生浮叶或沉水草本 /
睡莲科，萍蓬草属

萍蓬草为浮叶植物，但当水深过浅时则呈挺水状态；水深时，因植株种类和生长情况而定，有时水深近15厘米也呈沉水植物状。花梗圆形，有白色的长柔毛；花萼5枚，萼片约1.6厘米长，0.8~1.2厘米宽；花瓣10枚，线形，黄色。果实壶形，种子卵形，草绿色。

生长周期： 2月中下旬开始萌芽，4月中旬始花，花期可延续至10月中旬，11月遇霜后叶片开始枯黄。

生长环境： 喜温暖、湿润、阳光充足的生长环境；喜肥厌贫，喜基质肥沃，不耐贫瘠，不耐盐碱；在水质清澈的水体中长势良好。

繁殖方式： 有性繁殖和无性繁殖均可。有性繁殖将种子进行人工催芽，pH值以6.5~7.0为宜，播种后根据苗体的生长状况及时加水、换水，直至幼苗生长出小钱叶（浮叶）时方可移栽。无性繁殖可用地下茎分株繁殖，在3~4月进行，将带主芽的块茎切成6~8厘米长，侧芽切成3~4厘米长，作繁殖材料，然后除去黄叶及部分老叶，保留部分不定根进行栽种。

种植要领： 移植可在4~11月生长期进行；浮水种植水体深度在120厘米以内，种植密度为每平方米1~3头；沉水种植水体深度在120厘米以上，种植密度为每平方米12~16头。

养护管理： 萍蓬草生长期容易受蚜虫侵害，可用1000~1200倍敌百虫、敌敌畏或50%的乐果乳剂200倍液喷洒。

药用价值： 根状茎可入药，能健脾胃，有补虚止血、调理神经衰弱之功效。

观赏价值： 萍蓬草为观花、观叶植物。可与假山石及池塘组景，亦可作为家庭盆栽植物栽植观赏。作池塘水景布置时可与睡莲、荇菜、香蒲等植物配植。

生态价值： 萍蓬草的耐污染能力强，尤其适宜在淤泥深厚的环境中生长，在湖泊环境修复中，可作为先锋植物进行配置和应用。

叶片浮于水面

片植于小型水系中

分布区域：我国黑龙江、吉林、河北、江苏、浙江、江西、福建、广东等地有分布；俄罗斯、日本，以及欧洲北部、中部亦有分布。

园艺种类：中华萍蓬草。叶为纸质，心状卵形；花直径5~6厘米；萼片矩圆形或倒卵形；花瓣宽条形，先端微缺。花果期4~11月。多生在池塘中，主要分布于湖南、江西、贵州等地，是我国特有植物。

贵州萍蓬草。主要分布在江西、贵州等地，生于溪沟或池沼中。其根状茎肥厚，横卧；叶漂浮水面，薄革质或草质，叶心形或卵形，先端圆钝，基部弯缺约占全叶片的1/3，裂片开展或重合，背面微具柔毛；叶柄微被柔毛。花单生，漂浮水面，直径2~2.5厘米；花瓣多数，宽线形。花果期5~9月。其根状茎可入药，有补虚止血的功效，可治疗神经衰弱、刀伤等。

台湾萍蓬草。根茎肥厚，呈圆筒状，地下茎约在水底烂泥下1米深横走；浮水叶近圆形，基部有一个"V"形的缺刻；叶柄在基部扩大成翼状；果实为壶形，种子卵形，草绿色，形似绿豆。台湾萍蓬草主要分布于台湾中、北部低海拔的沼泽或水池中。

欧亚萍蓬草。根状茎粗；叶近革质，椭圆形；花径4~5厘米；萼片宽卵形至圆形；花瓣条形。浆果在水上成熟，种子为卵形。花期为4~10月，果期为9~10月。主要分布于欧洲诸国、俄罗斯、伊朗等国家，我国新疆也有。多生在沼泽中，喜光照充足的环境，喜温暖，不耐寒。

萍蓬草在贫瘠、盐碱的水中会只发育出沉水叶

挺水叶叶片椭圆，叶面翠绿光亮，金黄色的小花更显美丽

喜肥厌贫，在土质肥沃的水中长势良好

萍蓬草生命力极强，在少许水中也能生长开花

水薤 *Aponogeton lakhonensis*

又名田干草、田干菜、田薯 / 多年生浮叶草本 /
水薤科，水薤属

穗状花序会在
花期挺出水面

草质叶，全缘

根茎为卵球形或长锥形，有细丝状的叶鞘残迹，下部生有许多纤维状的须根。茎蔓匍匐生长，圆形而中空，分枝力强，茎粗且厚实，横径1.5厘米，绿色；茎蔓节部易生不定根。叶沉水或漂浮于水面，草质；叶为狭卵形至披针形，全缘。穗状花序，顶生于花葶之上，花期挺出水面；佛焰苞早落，被膜质叶鞘包裹，花两性，无梗。蓇葖果为卵形，顶端渐狭成一外弯的短钝喙。

生长周期： 3~4月开始萌芽，花果期为5~10月，11月遇霜后浮叶逐渐枯萎。

生长环境： 耐水，耐肥，耐热，不耐寒，遇霜冻茎叶即枯死；宜选择湿地、水田栽培或灌溉方便的旱地种植，以土层深厚、肥沃、疏松的壤土为宜；多生于浅水塘、溪沟及蓄水稻田中。

繁殖方式： 以无性繁殖为主。在生长期及休眠期均可进行，用块茎节上分生出的小块茎进行繁殖。

种植要领： 用移植法移栽幼苗，种植密度为每平方米4~5丛；水体深度要控制在60厘米以内，基质以软质底泥为佳。

养护管理： 水薤在生长期应注意预防病虫害，并及时清洁田园，合理实行轮作，平衡施肥，清沟排渍，疏枝通风。

观赏价值： 浮水叶呈放射状浮于水面，衬以白色小花，形态别致，可丛植或孤植于小型水系中，也可缸栽或盆栽放于庭院中。

分布区域： 我国浙江、福建、江西、广东、海南、广西等地有分布；印度、泰国、柬埔寨、越南和马来西亚等国家亦有分布。

叶沉水或漂浮于水面，草质

佛焰苞早落，被膜质叶鞘包裹

莼菜 *Brasenia schreberi*

又名水葵、莼头、马蹄草、湖菜 /
多年生浮叶草本 / 莼菜科，莼菜属

由地下匍匐茎萌发须根和叶片，有4~6个分枝及丛生状的水中茎，水中茎向上再生分枝。互生叶，为深绿色，椭圆状矩圆形，长6~10厘米，每节1~2片，浮生在水面或沉入水中，嫩茎和叶背有胶状透明物质。夏季抽生花茎，开暗红色小花。

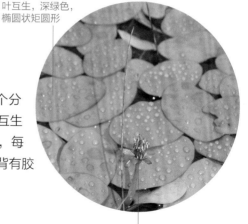

叶互生，深绿色，椭圆状矩圆形

花茎挺出水面，开暗红色小花

生长周期：2月底至3月初萌芽，6~10月为花果期，11月中下旬，遇霜冻则叶片和部分水中茎枯死，以地下茎和留存的水中茎越冬。

生长环境：莼菜喜水质清洁、土壤肥沃；适宜生长温度为20~30℃，在水深20~60厘米的水域中生长良好，气温达40℃左右时生长缓慢，气温低于15℃时生长逐渐停止；多生于池塘湖沼。

繁殖方式：以无性繁殖为主。在3月下旬至4月中上旬，选取无病虫害、强健的茎段，分割成带有2~3节的插穗，将茎部压入泥中即可。

种植要领：莼菜一年四季均可栽植，尤以春季萌发前移栽成活率最高，一般在3月下旬至4月中旬为最佳时间。莼菜适宜在水深20~60厘米的静水或水流速度缓慢的水体中种植；种植密度每平方米16~25丛，每丛2~3芽；基质以营养丰富的软质底泥为佳。

养护管理：日常养护应及时清理杂草，抑制满江红、浮萍、槐叶蘋等浮水植物的入侵。

药用价值：莼菜全草可入药，有清热、利水、消肿、解毒等功效，主治热痢、黄疸、痈肿、疔疮等症。

食用价值：莼菜是珍贵的水生蔬菜，含有酸性多糖、蛋白质、维生素和微量元素等多种有益成分。

观赏价值：莼菜的叶形美丽，色泽光亮，可片植于大水面中，也可丛植于小型水景中，宜与海寿花、千屈菜、再力花、荷花、香蒲等水生植物搭配应用。

分布区域：在日本、印度，以及北美洲、大洋洲、非洲均有分布；我国云南、四川、湖南、湖北、江西、浙江和江苏等地亦有分布。

莼菜的果实

多生于池塘、湖泊的浅水区域

菱角 *Trapa natans*

又名水菱、乌菱、水栗、菱实 /
一年生浮叶草本 / 千屈菜科，菱属

叶片为广菱形，表面深亮绿色

呈弯牛角形，老熟时为紫黑色，微被极短毛

菱角的叶片为广菱形，表面深亮绿色，无毛，背面绿色或紫红色，密生淡黄褐色短毛(幼叶)或灰褐色短毛(老叶)，边缘中上部有凹形的浅齿，边缘下为全缘，基部为广楔形；叶柄长2~10.5厘米；中上部膨大成海绵质气囊，生有短毛；沉水叶较小，早落。花小，单生于叶腋，有白色花瓣4片。果有水平开展的肩角，先端向下弯曲，呈弯牛角形，果表幼皮紫红色，老熟时紫黑色，微被极短毛；种子白色，元宝形，两角钝，白色粉质。

生长周期：4月初开始萌芽，7~9月为花果期，一年生草本植物，入冬后植株枯死。

生长环境：喜光照，在全光照条件下生长旺盛；耐水深，喜肥，尤以丰富的软质底泥为宜；菱角一般栽种于温带气候的湿泥地中，如池塘、沼泽地。

繁殖方式：有性繁殖。播种前做好清理、催芽，再将种子（菱角）直播在水体中。

种植要领：育苗后用特制的竹竿叉子将苗移植入水体中；水深控制在300厘米以内，深浅落差可因菱角的种类而有差异；基质以营养丰富的软质底泥为好；种植密度每2~3平方米1株。

养护管理：菱角种植前应施足基肥，作为水生蔬菜，需肥量较集中；当菱角发芽后，可施尿素作速效肥，还可用2%磷酸二氢钾进行叶面喷施，以防早衰。入秋后及时清理枯菱的残枝。

食用价值：菱角味甘、涩，性凉；有益气健脾、缓解皮肤病等功效。

观赏价值：植株生长旺盛，叶形奇特、规整，片植于水面，颇为壮观；可与荇菜、睡莲、水罂粟等搭配应用。

分布区域：原生于欧洲和亚洲的温暖地区；在我国安徽、江苏、湖南、江西、浙江、福建、广东、台湾等地均有栽培；俄罗斯、日本、越南、老挝等地亦有分布。

园艺种类：四角菱。根着泥，呈细铁丝状，生水底泥中；同化根为羽状细裂，裂片丝状。茎细长或粗短，每株有菱盘多个。叶为二型，浮水叶互生，聚生于主茎及分枝茎顶部，形成莲座状菱盘，叶为菱状圆形，全

有较小的沉水叶和浮水叶

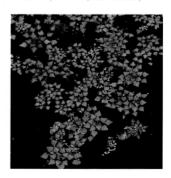

错落分布于池塘

缘；叶柄中上部膨大成海绵质，生有短毛；沉水叶小，早落。果三角形，有4刺角，肩角较腰角微长，两肩角稍斜上或平伸，两腰角斜向下伸，刺角较细长，肩部稍突起。产于江苏、浙江、湖北、江西、海南等地。

野菱。叶片较小，斜方形或三角状菱形，有棕色马蹄形斑块；果为三角形，表面凹凸不平，4刺角细长，2肩角刺斜上举，2腰角斜下伸，呈细锥状。耐水湿，耐干旱，喜阳光，抗寒，多生于水塘或田沟内。分布在日本及我国江苏、安徽、浙江、湖北、福建、湖南、江西、台湾等地。

南湖菱。外形圆润无角，皮色翠绿，两端圆滑，皮薄、肉嫩、汁多、甜脆、清香，口感极佳。南湖菱不仅可以生吃、熟吃，还可以制成糕点或酿酒、制糖。为浙江省嘉兴市特产。

红菱。又称"苏州红"，长于河塘水池之中，营养价值很高，含多种维生素和矿物质。菱盘开展40厘米左右，叶片较小，呈菱形，青绿色，近叶柄处为紫红色，叶面、叶柄及茎均为褐红色。果三角状菱形，表面有淡灰色长毛。红菱喜温暖湿润、阳光充足的环境，不耐霜冻。原产于欧洲，现我国南方，尤其以长江中下游、珠江三角洲等地栽培较多。

细果野菱。叶片较小，花为粉红色，果为三角形，有4刺角，果大，圆整饱满，皮色深。细果野菱喜温暖湿润的生长环境，喜光，耐寒，多生于边远湖沼中。主要分布在我国黑龙江、吉林、辽宁、河北、河南、湖北、江西等地；俄罗斯、朝鲜、日本等国也有分布。

野菱果为倒三角形，呈四角

四角菱果呈四角元宝形

红菱果具两刺状角，绿色或红色

芡实 *Euryale ferox*

又名鸡头米、鸡头苞、鸡头莲 /
一年生浮叶草本 / 睡莲科，芡属

花内面紫色，外面密生稍弯硬刺

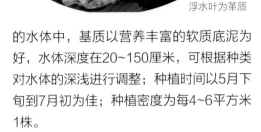

浮水叶为革质

芡实的沉水叶为箭形或椭圆肾形，两面无刺；叶柄无刺；浮水叶为革质，椭圆肾形至圆形，盾状，叶柄及花梗粗壮，有硬刺。花内面紫色，外面密生稍弯硬刺；花瓣矩圆披针形或披针形，紫红色，成数轮排列，向内渐变成雄蕊。浆果球形，紫红色，外面密生硬刺；种子球形，黑色。

生长周期：4月初萌芽，7~10月为花果期，入冬后植株枯死。

生长环境：芡实喜温暖、阳光充足的生长环境，不耐寒，不耐旱；适宜在水面不宽阔、水流动性小、水源充足、便于调节水位高低、方便排灌的池塘、水库、湖泊中生长。

繁殖方式：有性繁殖。选用饱满、无病虫害的种子，在清明前后，将种子浸泡在水中催芽，待种子露白后再进行播种，起初水位高度在10~13厘米，种植后逐渐加水到15~20厘米。

种植要领：芡实适合种植在相对静止的水体中，基质以营养丰富的软质底泥为好，水体深度在20~150厘米，可根据种类对水体的深浅进行调整；种植时间以5月下旬到7月初为佳；种植密度为每4~6平方米1株。

养护管理：生长期应及时修剪不健康的叶片及老叶，减少有机物的分解，促进植株生长。

观赏价值：叶色浓绿、硕大而别致，可孤植或片植；可与睡莲、王莲等浮叶植物搭配。

分布区域：原产于我国南北方各地区；

花瓣矩圆披针形或披针形，紫红色

种子又称鸡头米，可食用

日本、朝鲜亦有分布。

园艺种类: 南芡。也称苏芡,为芡实的栽培变种,原产于苏州,现湖南、广东、皖南及苏南一带均有栽培。植株形体较大,除叶片背面有刺外,其余部分均光滑无刺;采收较方便,外种皮厚,表面光滑,呈棕黄或棕褐色,种子较大,种仁圆整,品质优良。适应性和抗逆性较差。南芡有紫花、白花和红花3种类型。

北芡。也称刺芡,有野生也有栽培,分布于山东及皖北、苏北一带,质地略次于南芡。叶片密生刚刺,采收较困难,外种皮薄,表面粗糙,呈灰绿或黑褐色,种子较小,种仁近圆形,品质中等。北芡的适应性较强。北芡常见的有紫花和红花2种类型。

花微挺出水面

叶椭圆肾形至圆形,盾状

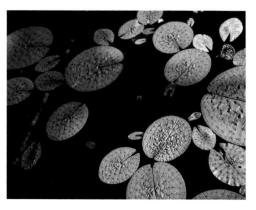

卵叶丁香蓼 *Ludwigia ovalis*

又称卵叶水丁香 / 多年生浮叶草本 / 柳叶菜科，丁香蓼属

叶为卵形至椭圆形，
浮水叶为红色

全株近无毛，节上生根；茎枝顶端上升。叶为卵形至椭圆形，先端锐尖，基部骤狭成具翅的柄。花单生于茎枝上部叶腋，近无梗；果皮为木栓质，果梗很短；种子为淡褐色至红褐色，椭圆状，两端稍尖，表面有纵横条纹。

生长周期： 2月底至4月初开始萌芽，5~6月为花果期，11月霜冻后地上部分开始枯萎，植株进入休眠期。

生长环境： 沉水、挺水、湿生均可，多生长于塘湖边、田边、沟边、草坡、沼泽湿润处。

繁殖方式： 无性繁殖，以扦插繁殖为主。在植株生长期剪取插穗，插入苗床中，前期水体深度控制在2~3厘米，略遮阴，生根后再施肥。

种植要领： 扦插繁殖生根成苗后，用移植法将幼苗植入大田；种植密度为每平方米20~25丛，每丛3~5芽；作为浮叶植物栽培时水深30厘米以内，作沉水植物栽培时水深60厘米以内，水质透明度40厘米以上；基质以软质或沙质底泥为宜，pH值以6.5~8.5为佳。

茎枝顶端向上生长，并挺出水面

养护管理： 生长期应注意杂草清理；霜后清理枯萎残枝。

观赏价值： 春、秋两季叶片为红色，光鲜可爱，大部分匍匐生长，片植、丛植均可。多用于庭园水体中，种植在水际线附近，水岸两色，别具美感。

分布区域： 我国安徽、江苏、浙江、江西、湖南、福建、台湾等地有分布；日本也有分布。

片植、丛植均可，多用于庭园
水系中，常在水际线上应用

黄花水龙与卵叶丁香蓼同科同属，黄
花水龙的花更大，直径在 2 厘米以上

水罂粟 *Hydrocleys nymphoides*

又名水金英、黄金英 / 多年生浮叶草本 /
泽泻科，水金英属

叶呈卵形至近圆形

花冠杯型，
形似罂粟花

　　茎圆柱形，呈海绵质感。叶簇生于茎上，叶片呈卵形至近圆形，有长柄，顶端圆钝，基部心形，全缘；叶背有气囊，叶柄圆柱形，有节状横膈，因此可以浮于水面。伞形花序，小花有长柄，花单生，黄色，有3片花瓣，花冠杯形，似罂粟花。蒴果披针形，种子细小数多，马蹄形。

生长周期：3月中上旬萌芽，5月底始花，花期较长，能一直延续至10月初，11月中旬开始逐渐枯萎。

生长环境：喜温暖、湿润的生长环境；喜阳光充足，不耐寒；喜营养丰富的软质底泥，在沙质底泥长势较差；多生于池沼、湖泊、塘溪中。

繁殖方式：无性繁殖为主。以根茎分株繁殖为宜，可在每年3~6月进行。

种植要领：水罂粟适合种植在相对静止的水体中，水体深度在70厘米以内，以软质底泥为宜；在5~9月的生长期均可种植；种植密度为每平方米25~36株为宜。

养护管理：水罂粟生长旺盛，有一定的侵占性，种植1~2年后，应适时对植株进行疏除，一来可以控制其生长范围，二来可以防止植株过密而导致的枝叶枯黄。

观赏价值：花朵黄艳，叶片青翠，可盆栽也可片植。水罂粟适合大面积种植于湿地公园的水系中，亦可在中小型水系或庭院水系中小面积点缀。

分布区域：原产于中美洲、南美洲；现我国各地均有栽植。

叶有光泽，长叶柄为圆柱形

花单生，黄色，也有白色花瓣

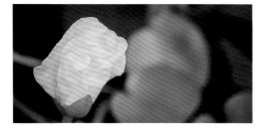

清新怡人，观赏性佳

花瓣 3 片

睡莲种群 *Nymphaea*

又名水洋花、小莲花 / 多年生浮叶草本 / 睡莲科，睡莲属

　　睡莲有热带睡莲和耐寒睡莲之分，它们都有肥厚的根状茎。叶柄为圆柱形，细长；睡莲有二型叶，挺水或浮水叶圆形或卵形，基部具弯缺，心形或箭形；沉水叶薄膜质，脆弱。其中热带睡莲的叶片颜色较深，叶缘呈锯齿状，花通常挺出水面；耐寒睡莲的叶片颜色较浅，全缘。花单生，浮于或挺出水面。果实倒卵形。

热带睡莲

生长周期： 4月初萌芽，6月前后陆续开花，11月以后茎叶枯萎。

生长环境： 喜阳光、通风良好的生长环境，在南亚热带地区可周年常绿，终年开花，在中亚热带及以北地区为一年生，多数种类露地无法越冬。

繁殖方式： 有性繁殖和无性繁殖均可。其中以无性繁殖为主，利用地下块茎进行分株，植于苗床即可。

种植要领： 喜阳光充足的种植环境，水深20~80厘米，基质以富含有机质的底泥为宜，pH值为6.0~8.0；种植密度为每2~10平方米1株；种植时间可在4~8月生长期进行。

养护管理： 睡莲喜肥，开花后应每月施一次肥，直至花期结束。平时注意防治蚜虫、棉水螟及斜纹夜蛾等虫害。

药用价值： 睡莲的根茎可入药，可作强壮剂、收敛剂，用于调理肾炎。

花单生，挺出水面　　　叶片颜色深绿

观赏价值： 热带睡莲的花色各异，色泽艳丽，花挺出水面。可丛植、片植，在水深梯度可与王莲、芡实、荷花、鸢尾等搭配；也可独植于中小型水景中。

生态价值： 睡莲能吸收水中的汞、铅、苯酚等有毒物质，并过滤水中的微生物，是难得的水体净化植物。

分布区域： 主要分布在北非和东南亚热带地区。

热带睡莲的园艺种类

蓝巨睡莲，花朵巨大，
花瓣蓝紫色，叶绿色

澳洲康弘睡莲，叶绿色，花
瓣蓝色，雄蕊橙色或褐色

白巨睡莲，叶绿色，初期花瓣白
色微带蓝色，后逐渐变为白色

暹罗紫睡莲，跨亚属杂交品种，花
中等大小，花瓣呈现通透的蓝紫色

睡莲埃及白

睡莲泰国粉

睡莲印度红

夜色下的睡莲印度红

睡莲印度红三蒂花

耐寒睡莲

叶片圆形或卵形，浮于水面，颜色较淡

花单生，浮于水面

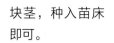

生长周期： 2月底至3月初萌芽，4月初始花，花期可持续至9月初，10月中旬后叶片开始枯萎。

生长环境： 喜阳光充足、温暖潮湿、通风良好的生长环境；有较好的耐寒性，可耐-20℃的低温；稍耐阴，对土质要求不高，喜富含有机质的壤土；多生长于池沼、湖泊、岸边有树荫的池塘中。

繁殖方式： 有性繁殖和无性繁殖均可。有性繁殖时，将种子侵入25~30℃的水中催芽，每天换水，约两周发芽后播于苗盆即可。无性繁殖时，在3~4月将根茎挖出后分成若干带芽的块茎，种入苗床即可。

种植要领： 耐寒睡莲喜有污泥淤积且肥沃的内河或湖塘；种植密度为每平方米1~3头。

养护管理： 种植1年之后，应对植株进行疏除护理，避免密度过大造成枝叶枯黄。

观赏价值： 耐寒睡莲可池塘片植也可居室盆栽。大面积种植，长势旺盛时，景色壮观。可与王莲、芡实、荷花等水生植物搭配，构成色彩和层次多样的水景效果；盆栽可摆放于建筑物、雕塑、假山前用以点缀、美化环境。

生态价值： 耐寒睡莲的根茎能吸收水中的汞、铅、苯酚等有毒物质，并过滤水中的微生物，是难得的水体净化植物。

分布区域： 世界各地广布。目前广泛栽培的为园艺品种。

耐寒睡莲的园艺种类

诱惑，叶圆形，幼叶暗红色，成叶为绿色；花淡紫红色；花浮于水面，耐深水

宽瓣白，花纯白色，瓣幅宽厚；幼叶浅绿褐色，成叶绿色；耐深水

粉牡丹，花粉色，中花型；花蕾圆桃形；幼叶紫红，成叶绿色，叶两侧暗红

得克萨斯，花黄色，大花型；花蕾长桃形；叶面绿色，叶背暗紫，带紫斑

佛琴纳莉斯，花白色，基部稍带红晕，略有香气；花瓣稍长；花浮于水面，耐深水

玛珊姑娘，花初开时为淡红色，翌日深玫瑰红色，以后逐步加深至紫红色；花瓣 30 枚左右；耐深水

墨西哥黄睡莲，花鲜黄色，直径 10~14 厘米；花瓣 26~30 枚

克罗马蒂拉，花淡黄色；花径 14~15 厘米

荇菜 *Nymphoides peltata*

又名莕菜、莲叶莕菜、驴蹄菜、水荷叶 /
多年生浮叶草本 / 睡菜科，荇菜属

花黄色，挺出水面

叶浮于水面，
呈卵状圆形

荇菜的枝条有二型，长枝匍匐于水底，如横走茎；短枝从长枝的节处长出。圆柱形，多分枝，沉于水中，地下茎生于水底泥中，匍匐状。叶漂浮于水面，呈卵形，近革质，基部为心形，全缘或微波状，上面亮绿色，下面带紫色。花序为伞形，簇生于叶腋；花黄色，直径1.8厘米左右，花冠5深裂，边缘流苏状。蒴果长椭圆形；种子多数，宽卵圆形，稍扁，边缘有纤毛，褐色。

生长周期： 荇菜于2~3月开始返青，5~10月为花果期。边开花边结果，降霜过后水上部分枯死。在温暖地区，可240天左右常绿，花果期长达150天左右。

生长环境： 荇菜喜温暖湿润的生长环境，有一定的抗寒性，在我国浙江以南可常绿；喜多腐殖质的微酸性至中性的底泥和富营养的水域，土壤pH值以5.5~7.0为宜；多生于池沼、湖泊、沟渠、稻田、河流或河口的平稳水域。

繁殖方式： 荇菜的果实成熟后，会自行开裂，种子能借助水流传播，自繁能力强。无性繁殖以扦插繁殖为主，可于生长期进行，把茎分成段，每段2~4节，荇菜的茎都可生根，将其埋入泥土中或扦于浅水中，2周后便能生根。

种植要领： 育苗后用移植法进行栽植，栽植初期水深不能超过30厘米，待浮叶长出后再补水；种植密度为每平方米9~16株；北方地区种植时间为4~9月，南方地区一年四季均可种植。

养护管理： 荇菜管理较粗放，但生长期要防治蚜虫并及时清除田内杂草。

药用价值： 全草均可入药，能清热利尿、消肿解毒。

观赏价值： 荇菜叶片形似睡莲，小巧别致，鲜黄色花朵挺出水面，花多，花期长。可片植、丛植，适用于庭院水景点缀，也可用于湿地公园的水面绿化。

食用价值： 荇菜的茎、叶柔嫩多汁，无毒，无异味，富含营养，既是一种美味的野菜，又能做饲料，供猪、鸭、鹅、草鱼等食用。

分布区域： 原产于中国，分布广泛；从温带的欧洲诸国到亚洲的印度、日本、朝鲜、韩国等地均有分布。

园艺种类： 小荇菜。茎长，呈丝状，节下生根；叶少，呈卵状心形或圆心形，基部深心形，全缘，叶柄不整齐，基部向茎下延。花在节上簇生，通常有4~5朵花；花冠白色，边缘有睫毛。蒴果椭圆形。小荇菜原产于我国台湾地区，俄罗斯、朝鲜、日本也有分布。

刺种荇菜。茎细长，节上生根；叶簇生节上，膜质，心形，叶脉掌状，不明显，叶柄纤细。花2~10朵簇生节上，通常为5朵左右；花冠开展，白色或淡黄色，钟状。原产于我国香港、广东、广西等地，现印度、泰国、柬埔寨、越南也有分布。

花冠 5 深裂，花直径约 1.8 厘米

绿色披针形苞片

睡莲与荇菜群落，大面积片植，常用于湿地公园

盛花期，大面积片植的荇菜看上去十分壮观

荇菜也常与挺水植物共植

荇菜小面积片植，常用于狭窄水面的绿化

133

金银莲花 *Nymphoides indica*

又名白花荇菜、水荷叶、印度荇菜 /
多年生浮叶草本 / 睡菜科, 荇菜属

浮水叶呈宽卵圆形
或近圆形, 全缘

白色花, 腹面密
生流苏状长柔毛

圆柱形的短叶柄

金银莲花的茎为圆柱形, 不分枝, 形似叶柄。顶生单叶, 漂浮于水面, 近革质, 呈宽卵圆形或近圆形, 下面密生腺体, 基部心形, 全缘; 掌状叶脉不明显; 叶柄短, 圆柱形。花多数, 簇生于节上; 花梗细弱, 圆柱形, 不等长; 花萼分裂至近基部, 裂片长椭圆形至披针形, 先端钝, 脉不明显; 花冠白色, 基部黄色, 分裂至近基部, 冠筒短, 裂片卵状椭圆形, 先端钝, 腹面密生流苏状长柔毛。蒴果椭圆形。

生长周期: 3月中旬至4月初萌芽, 6月始花, 花果期可持续至11月, 12月以后植株进入休眠期。

生长环境: 喜温湿的气候环境, 对酸碱适应范围较广; 多生活于湖塘、河溪、沼泽中。

繁殖方式: 无性繁殖为主, 多采用分株和扦插法进行繁殖。分株可于每年3月将生长较密的株丛分割成小丛栽植; 扦插繁殖的成活率较高, 利用其茎节可生根的特点, 在生长期取枝2~4节, 扦于浅水中, 2周后生根。

种植要领: 金银莲花的移植在其整个生长期均能进行; 移植时水体深度要控制在1米以内, 以软质底泥为佳; 种植密度可根据种苗规格的不同做相应调整, 通常以覆盖水面50%~70%为宜。

养护管理: 春季萌芽要注意防治蚜虫, 夏、秋季的花果期应注意防治斜纹夜蛾。

观赏价值: 金银莲花叶似睡莲, 花白如雪, 花齿绒毛状, 显得十分幼小娇柔, 片植或丛植均能给人带来"景有尽而意无穷"的美感, 宜置于亭廊、水榭、岸边, 亦可孤植于容器中, 作为盆栽观赏。

生态价值: 对水体中的氮、磷有较高的富集力, 是净化水质、美化水面的先锋植物。

分布区域: 我国东北、华东、华南等地有分布。

园艺种类: 水皮莲。圆柱形的茎, 不分枝; 叶漂浮于水面, 近革质, 呈宽卵圆形或近圆形。有4~5朵小花簇生在节上。水皮莲主要分布在我国四川、湖北、湖南、江苏、福建、广东、香港、台湾等地。喜光照充足的生长环境, 也耐半阴, 喜温暖, 不耐寒, 入秋后, 随着气温的下降, 植株生长明显见缓。可露地栽培, 作为池塘水面的装饰材料, 还可用于盆栽。

水金莲花。又称金莲花。茎伸长, 节下不生根; 叶圆形, 基部深心形, 下面紫色; 花冠边缘有睫毛; 蒴果近圆球形, 表面有细网纹。分布于我国台湾地区, 在印度、斯里兰卡等地亦有分布。

花萼分裂至近基部，裂
片长椭圆形至披针形

花单生，挺出水面

水皮莲

水金莲花

蕹菜 *Ipomoea aquatica*

叶片有形状、大小的变化 ——

又名空心菜、通菜蓊、蓊菜、藤藤菜、通菜 /
一年生或多年生浮叶草本 / 旋花科，虎掌藤属

　　蕹菜为蔓生或漂浮于水面，茎为圆柱形，有节，节间中空，节上生根，全株光滑无毛。叶片有形状、大小的变化，可分为卵形、长卵形、长卵状披针形或披针形，顶端锐尖或渐尖，有小短的尖头；叶片基部为心形、戟形或箭形，偶尔截形，全缘或波状，或有时基部有少数粗齿，两面近无毛或偶有稀疏柔毛。聚伞花序生于叶腋，有花1~5朵；花冠白色、淡红色或紫红色，呈漏斗状。蒴果卵球形至球形，种子密被短柔毛或有时无毛。

　　生长环境：喜温暖、湿润的生长环境，耐炎热，不耐霜冻；喜光不耐阴，在全日照的环境下长势良好；喜肥，尤以营养丰富的软质底泥为宜。

　　繁殖方式：通常先采用有性繁殖，后期采用无性繁殖。播种后待幼苗长至25厘米左右，便可剪取插穗进行无性繁殖，还可以根据品种的差异采取分株繁殖。扦插繁殖有土插和水插两种，水插的成活率及管理便捷度都要优于土插。

　　种植要领：多采用剪取插穗的方式进行移栽；可片植或成带状栽植；水深控制在30厘米以内，也可栽植于季节性淹水区或潮湿地带；基质以营养丰富的软质底泥为佳。

—— 圆柱形的茎，有节，节间中空，节上生根

　　养护管理：应适时进行疏除，避免因植株栽培过密、不通风透光等引发的植株枯黄。

　　食用价值：蕹菜是很多地区民众夏季主要的叶类蔬菜之一，它含有钾、氯等调节水液平衡的元素，可调节肠道的酸度，预防肠道内的菌群失调；含有B族维生素、维生素C等，有清脂瘦身的功效；其叶绿素含量丰富，素有"绿色精灵"之称，可洁齿防龋除口臭，健美肌肤。

蔓生于水面

花冠白色、淡红色或紫红色，呈漏斗状

分布区域： 我国中部及南部各省均有栽培；遍及亚洲热带、非洲和大洋洲等地。

园艺分类： 蕹菜在栽培上有品种之分，其中根据栽培条件可分为水蕹菜（小叶种）和旱蕹菜（大叶种）；根据花色可分为白花种和紫花种。

种子密被短柔毛或有时无毛

小叶种蕹菜

大叶种蕹菜

水体片植，在营养丰富的软质底泥中长势良好

陆地种植的长势要明显弱于水田种植

137

莩艾状水龙 *Ludwigia peploides*

多年生浮叶草本 / 柳叶菜科，丁香蓼属

花单生于上部叶腋

莩艾状水龙有多数须状根，全株无毛。叶为长圆形或倒卵状长圆形，先端常锐尖或渐尖，基部狭楔形，有侧脉7~11对；有叶柄，托叶明显，为卵形或鳞片状。花单生于上部叶腋；花瓣5瓣，鲜金黄色，基部常有深色斑点，呈倒卵形，先端钝圆或微凹，基部宽楔形。蒴果，果期为8~10月。

生长周期： 2月底至3月初开始萌芽，5月中旬始花，花期长，可持续至10月中旬，12月入冬后，枝叶开始逐渐枯萎。

生长环境： 喜温暖湿润的气候环境，可作浮水、挺水植物，多生于池塘、水田、沟渠、湖泊浅水区域。

繁殖方式： 无性繁殖为主。在生长期挖出根茎，按节分段，保证每段插穗有1~2节，分段后将插穗插入苗床即可。

种植要领： 育苗后用移植法将幼苗移栽至大田中；水深控制在30厘米以内；基质以营养丰富的软质底泥为好，在潮湿地中也可种植；种植密度每平方米15~25株皆可。

养护管理： 莩艾状水龙的生长适应性较强，在生长期应注意控制其生长范围，并及时进行疏除，避免植株过密，造成叶片

叶为长圆形或倒卵状长圆形

枯黄。夏、秋两季应注意防治斜纹夜蛾等虫害。

观赏价值： 莩艾状水龙花色艳丽，叶色碧绿，可作为挺水植物种植于水际线附近，与海寿花、象耳草、千屈菜等水生植物相配；亦能在水深梯度作为浮叶植物美化水面，可搭配王莲、睡莲、水罂粟等水生植物。

生态价值： 莩艾状水龙对污染严重的水体有较高的修复性，适合作为先锋植物对污染严重的富营养化水体进行前期的修复治理。

分布区域： 我国安徽、江西、浙江、广东、福建及台湾等地有分布。

园艺种类： 水龙。多年生草本，匍匐于水田中或浮出水面，全株无毛；茎圆柱形，基部匍匐状，节部生有须根，上升茎

多作为浮水挺水植物配置，多种植于岸边

高约30厘米；叶互生，长圆柱状倒披针形至倒卵形，全缘，先端钝形或稍尖，羽状脉明显，基部狭窄成柄，两侧具有小而似托叶的腺体。水龙在世界热带和亚热带地区均有分布，在我国主要分布在长江以南各地。水龙喜温暖、湿润和阳光充足的环境；不耐寒，不耐旱；喜肥沃、湿润的黏质壤土；多生于池塘、水田或沟渠中。

鲜金黄色的花有 5 瓣花瓣

叶脉明显，有侧脉 7~11 对

水龙花白色，与葶艾状水龙有明显区别

水龙花的叶为互生，长圆柱状倒披针形至倒卵形，全缘

沼生水马齿 *Callitriche palustris*

多年生浮叶或挺水或沉水草本 / 车前科，水马齿属

茎生叶无柄，为匙形或线形

叶密集生于茎顶，莲座状，浮于水面

株高30~40厘米，茎纤细，有较多分枝。叶互生，密集生于茎顶，呈莲座状，浮于水面，倒卵形或倒卵状匙形，先端圆形或微钝，基部渐狭，两面疏生褐色细小斑点；茎生叶匙形或线形，无柄。花单性，单生于叶腋。

生长周期： 2月底至3月初萌芽，4~10月为花果期，花果期结束后植物进入休眠期。

生长环境： 沼生水马齿的生长适应性强，在深水区为沉水状态，浅水区有沉水叶和浮水叶；生长初期只有沉水叶，在潮湿地和浅水区也会呈挺水状态；较耐阴，多生长于林下湿地、净水或沼泽地水中。

繁殖方式： 扦插繁殖。生长期直接扦插于容器中。

种植要领： 用移植法来栽植幼苗，栽植密度可因景致所需进行调整，通常以每平方米3~4丛为宜；水体深度控制在80厘米以内，透明度在60厘米以上并确保种植区域内无食草鱼类；基质以营养丰富的软质底泥为宜。

养护管理： 沼生水马齿茎细弱，养护管理时要保持水体清澈，透明度不能低于60厘米，防止食草鱼类牧食。

观赏价值： 茎叶细弱，小巧可爱，适宜种植在小型水系景观中近距离观赏；也适宜在水族箱中应用。

药用价值： 沼生水马齿的全草可入药，有清热解毒、利尿消肿等功效。

分布区域： 我国东北、华东、西南等地有分布；欧洲、北美洲和亚洲温带地区亦有分布。

园艺种类： 水马齿。一年生草本，高10~20厘米；茎纤弱。叶对生，浮于水面的叶密集排列呈莲座状，倒卵形或倒卵状匙形；沉于水中的叶为匙形或长圆状披针形。

较耐阴，喜凉畏热

茎叶娇小，玲珑可爱

第四章

🌱 浮水植物

浮水植物随水流移动，生长空间向四周扩展，往往能占据较大的空间，利用光能的效率也高，如水体营养能跟上，则生长迅速。其叶有的平展水面，如满江红，有的呈莲座状，如大薸。

满江红 *Azolla pinnata* subsp. *asiatica*

又名紫藻、三角藻、红浮萍 / 多年生浮水草本 /
槐叶蘋科，满江红属

根状茎细弱，横卧，呈羽状分枝，须根下垂至水中。肉质叶，互生，细小如鳞片，在茎上排列成两行；叶片深裂成两瓣，上瓣为肉质，浮在水面上，幼时为绿色，秋后变成红色，可进行光合作用；下瓣为膜质，斜生在水中，没有色素；孢子囊果成对生于分枝基部的沉水叶片上。

生长环境： 满江红喜温热气候，忌强光直射，有一定的耐寒性；生长适应性强，极易形成单一优势种，也常与鱼腥藻共生，常生于稻田、内湖、池塘、水库。

繁殖方式： 有性繁殖和无性繁殖均可。其中以无性繁殖的应用率较高，无性繁殖可通过营养体的侧枝自我断离的方式完成繁殖，也可通过主体上生出的侧芽自我断裂完成，均无须人工操作。

种植要领： 种植的水体深度保持在5厘米以上，适宜种植在相对静止、封闭的水体中；种植密度每平方米500株左右。

养护管理： 圈养管理，可便于限制其生长范围的扩大，也能避免侵害其他种类植物。

观赏价值： 满江红是难得的冬季可露天越冬的浮水植物，紫红色的叶片铺满水面，景色蔚为壮观。适宜在弯曲的水道中片植或用圈养的方式设计造型来装饰水景。

生态价值： 满江红不仅是优质绿肥和

浮水叶，肉质

叶片幼时为绿色，秋后变成红色

鱼类、禽畜饲草，还是优良的水生固氮植物，亦有降低水体矿化度、调节水体酸碱度、净化水体的作用。

分布区域： 在我国山东、河南以南等地区均有分布；朝鲜、日本亦有分布。

园艺种类： 细叶满江红。植株粗壮，侧枝腋外生出，侧枝数目比茎叶的少；夏、秋两季可分两次生产孢子果，产量高；生长适应性强，多生长于水田中，有较好的耐寒性。

多果满江红。孢子果的产量大，多分布在山东南部及河南地区。

常绿满江红。不受季节温度变化而改变颜色，叶片四季常绿，主要分布在南亚热带地区。

日本满江红。根状茎细长横走，侧枝腋外生，主茎和分枝的区别明显，假二歧分枝，向下生须根；多生于水田和静水沟塘中。

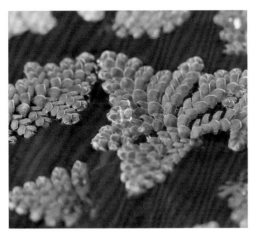

叶片深裂成两瓣，上瓣为肉质，浮在水面上

满江红群落，在早春、夏季和秋季呈
紫红色，真正的满江皆红

满江红与藻类群落，似乎给水域铺上了一
层彩色的地毯，分外别致

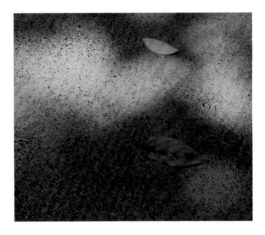

细叶满江红抗寒性强，植株粗壮

常绿满江红四季绿色，不带红色，分布于南亚热带地区

日本满江红更适合用于家庭园艺

槐叶蘋 *Salvinia natans*

又名蜈蚣萍、山椒藻 / 一年生或
多年生浮水草本 / 槐叶蘋科、槐叶蘋属

槐叶蘋为无根型浮水植物，茎细长，横走。叶为3片轮生，2片漂浮水面，1片细裂如丝，在水中形成假根，密生有节的粗毛，浮水叶在茎两侧紧密排列，形如槐叶，呈长圆形或椭圆形，先端圆钝头，基部为圆形或略呈心形。孢子果有4~8枚，聚生于水下叶的基部。

浮水叶形如槐叶，在茎两侧紧密排列

叶呈长圆形或椭圆形

生长周期： 4~5月孢子体萌发，10月前后孢子囊成熟，11月霜后，植物体开始枯萎。

生长环境： 喜热耐寒，喜肥，在营养丰富的水体中长势良好；多生于水田、沟塘和溪河内，尤其喜欢生长在温暖、无污染的静水水域中。

繁殖方式： 槐叶蘋具有断体繁殖功能，其茎断后可发育成新植株，在生长旺盛季可用此法进行繁殖。

种植要领： 适宜种植在相对封闭、光照良好、水体深度10厘米以上的环境中；种植密度每平方米60~100株。

药用价值： 槐叶蘋全草可入药，味苦，性平，有清热解毒、消肿止痛的功效。

观赏价值： 叶形美观，既可小片应用在小环境水体或容器中，也可大片应用在大型水境中，与水罂粟、水鳖、满江红、金银莲花等植物搭配；如应用于水深梯度，可与象耳草、海寿花、粉花美人蕉等水生植物相配。

生态价值： 槐叶蘋对镉具有较高的吸收积累能力，可作为治理镉污染水体的先锋植物。

分布区域： 我国大部分地区均有分布；在北温带地区亦有分布。

孢子果聚生于水下叶的基部

根近退化

常与同为浮水植物的满江红、浮萍
等组成群落，互为优势种和伴生种

槐叶蘋在富含营养的水体中长势良好，
在营养贫瘠的水中则长势不良

槐叶蘋与香菇草配置，叶面大小错落有致，
较有观赏价值

蜂巢槐叶蘋，次生叶大而厚，呈折合状，
孢子囊果卵形，呈串状

大藻 *Pistia stratiotes*

又名水白菜、水莲花、大叶莲、水芙蓉 /
一年生或多年生浮水草本 / 天南星科，大藻属

叶簇生，呈莲座状

大藻有长而悬垂的根，须根密集呈羽状。叶簇生，呈莲座状，叶片因发育阶段不同而形异，通常为倒三角形、倒卵形、扇形，也有倒卵状长楔形，先端截头或浑圆，基部较厚，两面被毛；叶脉呈扇状伸展，背面隆起呈折皱状。佛焰苞为白色，外被绒毛，下部管状，上部张开；肉穗花序背面2/3与佛焰苞合生，有雄花2~8朵生于上部，雌花则单生于下部。

—— 长而悬垂的根

生长周期： 4~5月开始萌芽，6~10月进入花果期，入冬后遇霜冻则植株枯死。

生长环境： 喜高温湿润的气候环境，有较高的耐寒性，喜肥厌贫，在富营养水体中长势良好；生长适应性强，繁殖力强，多生于河流、湖泊、池塘、沟渠等处。

繁殖方式： 以无性繁殖为主。大藻的腋芽芽轴生出的匍匐茎先端可长出新植株，可用其这一特点进行繁殖。

种植要领： 种植环境宜选在封闭水体或有护围设施的环境中，pH值以6.0~9.0为佳；种植密度为每平方米20~25株。

养护管理： 利用围栏种植，控制其生长范围；霜后应及时打捞枯萎的残叶，避免污染水体。

观赏价值： 大藻可孤植在庭院的置石旁或小型水环境中；也可片植于大型水环境中，与荇菜、睡莲、芡实等水生植物搭配；如配置在水深梯度，可与黄菖蒲、千屈菜、水葱、再力花、海寿花等植物相配。

分布区域： 在我国主要分布在湖南、湖北、四川、福建、江苏、浙江、安徽等地。

叶片因发育阶段不同而形状不同，通常为倒三角形、倒卵形、扇形

叶脉呈扇状伸展

须根密集呈羽状

大藻与槐叶蘋相配，水面景观错落有致

大藻常与睡莲等相配，水面看上去纷繁错落，
别有一番情趣

大藻与挺水植物共植，能收到良好的造景效果

大藻多生于河流、湖泊、池塘、沟渠等处

片植大藻，生长繁殖速度惊人，在 28℃左右繁
殖最快，2~3 天其数量就能翻倍

紫萍 *Spirodela polyrhiza*

又名紫背浮萍 / 多年生浮水微小草本 /
天南星科，紫萍属

退化型根

叶状体扁平，呈阔倒卵形

紫萍的叶状体扁平，呈阔倒卵形，长5~8毫米，宽4~6毫米，先端钝圆，表面绿色，背面紫色，有掌状脉5~11条，背面中央生5~11条白绿色的根；在根基附近的一侧囊内形成圆形的新芽，萌发后从囊内浮出。有肉穗花序，2朵雄花和1朵雌花。

生长周期： 3月初开始萌芽，4~10月为生长繁殖旺盛期，11月霜冻后植株逐渐枯萎。

生长环境： 多生于水田、沼泽、湖湾、水沟中，常与浮萍形成覆盖水面的漂浮植物群落。

繁殖方式： 紫萍的叶状体两侧出芽，可形成新的个体，繁殖时只需将母本放入围地水体中即可。

种植要领： 种植密度以覆盖水面50%即可；在其生长季均可进行种植；水体环境的pH值以6.0~8.5为宜。

养护管理： 水位管理，水深控制在1.0~1.5米为佳。防止水禽、家禽和鱼类牧食。

药用价值： 紫萍全草可入药，有发汗、利尿之效，可治感冒发热、斑疹不透、水肿、小便不利、皮肤湿热等症。

观赏价值： 植株娇小，可用于水生盆栽近距离观赏；也可用于中小型水体景观中美化水面。

生态价值： 适合在水面圈养，能去除水中的氮、磷等元素。

分布区域： 分布广泛，全世界各地均有其身影。

园艺种类： 浮萍。叶状体呈对称状，表面绿色，近圆形，倒卵形或倒卵状椭圆形，全缘。浮萍分布广泛，我国各地均有栽种。多生于水田、池沼或其他静水水域，常与紫萍混生。浮萍是良好的猪、鸭饲料。入药有发汗、利水、消肿等功效，可治风湿脚气、风疹热毒、衄血、水肿、

小便不利、斑疹不透、感冒发热无汗等症。

　　无根萍。无根，全株漂浮于水面；叶状体近球形，绿色；雌雄同株，花生于叶状体表面，果实圆球形。无根萍主要靠水流来散播族群。

紫萍与金银莲花共植，叶片大小不一，带来较佳的观赏效果

浮萍随水流传播，形成广泛分布，在其分布区很难找到没有浮萍的水域

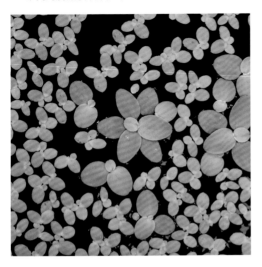

紫萍常与浮萍混生，大面积覆盖水面，但水质不佳时，浮萍就会少一些，因为紫萍的耐受力更强一些

紫萍植株娇小，青翠可爱，小水体景观中可以适量应用

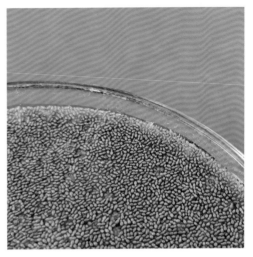

无根萍非常细小，叶状体长仅 1.3~1.5 毫米，常用于微型盆栽

凤眼莲 *Eichhornia crassipes*

又名水葫芦、水葫芦苗、水浮莲 / 多年生浮水草本 /
雨久花科，凤眼莲属

叶为圆形、宽卵形
或宽菱形，全缘

叶柄膨大
成气囊

　　须根发达，呈棕黑色。茎短，有淡绿色或带紫色的匍匐枝。叶为圆形、宽卵形或宽菱形，顶端钝圆或微尖，基部宽楔形或在幼时为浅心形，全缘，有弧形脉，表面深绿色，两边微向上卷，顶部略向下翻卷。花葶有多棱，从叶柄基部的鞘状苞片腋内伸出；9~12朵花排列成穗状花序；花被裂片6枚，紫蓝色的花瓣呈卵形、长圆形或倒卵形，花冠略向两侧对称，四周为淡紫红色，中间蓝色，在蓝色的中央有1个黄色圆斑。蒴果卵形。

生长周期：4月初至5月初开始萌芽，6~10月为花果期，11月后遇霜冻，则水上部分枝叶枯萎。

生长环境：喜温暖湿润、阳光充足的生长环境；生长适应性很强，有较好的耐寒性，忌高温；喜生于浅水中，在流速不大的水体中也能够生长，随水漂流，繁殖迅速。

繁殖方式：有性繁殖和无性繁殖均可。多以无性繁殖为主，用其茎上侧生的匍匐枝作为繁殖体，只需将其投入围地水域中即能自然繁殖。

种植要领：凤眼莲的整个生长期均可进行移植；水体深度在20厘米以上，基质以营养丰富的封闭水体为宜；种植密度为每平方米9~25株。

养护管理：凤眼莲初期生长缓慢，易受杂草危害，要及时捞除水中的青苔、杂草。

药用价值：凤眼莲全草可入药，有清热解暑、利尿消肿、祛风湿的功效；适用于中暑烦渴、水肿、小便不利等症；外敷可治热疮。

食用价值：凤眼莲的花和嫩叶可以直接食用，味道清香爽口，有润肠通便的功效。马来西亚等地的土著居民常以凤眼莲的嫩叶和花作为蔬菜。

观赏价值：凤眼莲的茎极短，叶片油绿光亮，花色浅蓝，花形奇特，花期长，有"水中风信子"之称。可孤植亦可丛植，也可点缀于容器中做室内装饰。

生态价值：凤眼莲对氮、磷、钾等多

须根发达，呈棕黑色

9~12朵花排列成穗状花序

种元素有较强的富集作用，其中对钾的富集作用尤为突出，是净化水质的先锋植物；同时，也是著名的外来入侵种。

分布区域： 原产于巴西，现我国长江流域、黄河流域各地区广泛分布。

花葶有多棱，从叶柄基部的鞘状苞片腋内伸出

在南亚热带及以南地区常绿，中亚热带及以北地区则一年生

株形奇特，叶片油绿光亮，喜肥厌贫

花朵艳丽，花期长，有"水中风信子"之称

在富营养化的水体中长势旺盛，繁殖快，短期就能覆盖整个水面，具有极强的侵占性

可以孤植，也可以丛植，还能点缀于容器中，是观赏价值较高的浮水植物

水鳖 *Hydrocharis dubia*

又名马尿花、芣菜 / 多年生浮水草本 /
水鳖科，水鳖属

　　水鳖有匍匐茎和须根。叶簇生，多数漂浮，有时伸出水面；为圆状心形或近肾形，全缘，叶面深绿色，叶背略带紫色并具有宽卵形的泡状贮气组织。花少，白色，有3瓣花瓣，呈广倒卵形或圆形，中间花蕊为黄色。浆果为球形至倒卵形，内有椭圆形的种子多数。

叶多数漂浮，有时伸出水面

花白色，有3瓣花瓣

生长周期：水鳖的生长期在春、夏季，花果期为8~10月，12月初叶片开始枯萎。

生长环境：喜光也耐阴，喜温暖环境，在全光照的条件下长势旺盛；喜肥厌贫，喜中性水体，喜相对静止的水体，多生于河溪、沟渠中。

繁殖方式：以无性繁殖为主。将匍匐茎切断，插入圃地中即可，当长出新株后，再移植入小池中生长。

种植要领：按照每平方米60~80株的密度移植在水深10厘米以上、流速缓慢的水体中。

养护管理：生长期保证肥力充足。种植1~2年后，对植株进行疏除，避免植株生长过密而发生黄叶或烂根现象。

药用价值：水鳖是一种传统中药材，全草可入药，有清热利湿的功效。

观赏价值：植株小巧，叶色青翠，花色淡雅，孤植、片植均可。孤植可在小环境、小空间的水景中应用。大水面片植可与荇菜、水罂粟、睡莲、王莲等植物搭配；在水深梯度与象耳草、水葱、海寿花等较为搭配。

分布区域：我国华东、华中、华南、西南、华北及东北地区均有分布，亚洲南部及大洋洲亦有分布。

水鳖群落

匍匐茎

第 五 章

沉水植物

　　沉水植物的根茎生于泥中，整个植株沉入水中，有发达的通气组织，用来进行气体交换。叶多为狭长或丝状，能吸收水中部分养分，即使在水中弱光的条件下也能正常生长发育。对水质有一定的要求，因为水质浑浊会影响植物的光合作用。花小、花期短、以观叶为主是沉水植物最明显的特点。常见沉水植物有黑藻、金鱼藻、马来眼子菜、苦草、菹草等。

伊乐藻 *Elodea canadensis*

多年生沉水草本 / 水鳖科，水蕴藻属

叶茎生，多为轮生

伊乐藻的茎为圆柱形，质地较脆。叶茎生，无柄，多为轮生，下弯，叶片为线形，有紫红色或黑色小斑点，先端锐尖，边缘锯齿明显。花序单生，无花梗；佛焰苞近球形，绿色，表面有明显的纵棱纹，顶端生有刺凸；雄花萼片为白色，稍反卷，反折后开展；花丝纤细，花药线形，花粉粒球形，雄花成熟后自佛焰苞内放出，漂浮于水面开花。

生长环境：伊乐藻适应力极强，具有耐寒性，温度在5℃以上即可生长，只要水上无冰即可栽培，冬季能以营养体越冬。

繁殖方式：用断枝可自然繁殖，伊乐藻的断枝随水漂流，长出不定根后缓慢下沉，根着土后开始迅速长成新植株。

种植要领：可采用移植法或扦插法进行种植，种植密度为每平方米16~25丛，每丛15~20芽；基质以软质或沙质底泥以宜，pH值为6.0~9.0，水体透明度60厘米左右。

养护管理：控制其生长范围；夏季高温应及时打捞枯萎的残体，避免污染水体；另外还要维护水体透明度。

经济价值：伊乐藻能为鱼虾营造出良好的栖息环境。植株本身营养丰富，粗蛋白为2.1%，粗脂肪为0.2%，粗纤维为1.9%，茎叶和须根中含有多种维生素及微量元素，是饲养鱼虾的上佳饵料。

茎为圆柱形，质地较脆

观赏价值：伊乐藻是装饰水族箱的优选材料，适宜丛植或孤植，起点缀作用。

生态价值：伊乐藻在光合作用的过程中放出大量的氧，可吸收水中不断产生的有害氨态氮、二氧化碳，能较好地稳定pH，增加水体的透明度，有利于促进虾、蟹蜕壳，提高饲料利用率，改善水产品质。

分布区域：原产于美洲，现我国长江中下游的虾、蟹产区广泛种植。

篦齿眼子菜 *Stuckenia pectinata*

又名龙须眼子菜、红线草、红线儿蕰 /
多年生沉水草本 / 眼子菜科、篦齿眼子菜属

篦齿眼子菜的根茎发达，多有分枝。纤细的茎近圆柱形，下部分枝稀疏，上部分枝稍密集。叶为线形，先端渐尖或急尖，基部与托叶贴生成鞘；鞘长1~4厘米，绿色，边缘叠压而抱茎，顶端有无色膜质小舌片。穗状花序顶生，花4~7轮，间断排列。果实为倒卵形。

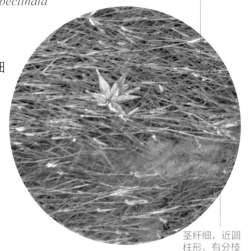

叶为线形，先端渐尖或急尖

茎纤细，近圆柱形，有分枝

生长周期：入春后，水温升至5℃以上开始萌芽，3~5月植株生长旺盛，5月始花，花果期可持续至10月，秋后遇霜，枝叶开始逐渐枯萎。

生长环境：喜温暖湿润的生长环境，喜微酸性或中性的水体环境，多生于河沟、水渠、池塘中。

繁殖方式：有性繁殖和无性繁殖均可。有性繁殖时，种子采收后于水中贮藏，播种前需人工破坏种皮或经过变温处理再进行播种。无性繁殖时，利用断枝进行自身繁殖，也可在生长期将断枝浅插在水体中进行人工繁殖。

种植要领：4~9月均可进行种植，种植密度为每平方米16~25丛；基质以软质或沙质底泥为好，水体透明度保持在40厘米以上。

养护管理：养护期间应注意水位的高度及水质的稳定，若水体透明度下降，会影响植物的光合作用，造成植株早衰。

药用价值：全草可入药，性凉，味微苦，有清热解毒的功效，可调理肺炎、疮疖等症。

观赏价值：枝叶纤细浓密，夏季叶片颜色会变成红色或暗红色，片植或丛植，十分美观。

生态价值：有很好的耐受性，可作为修复沿海盐水河流水质的先锋植物。此外，篦齿眼子菜对微囊藻有明显的抑制作用。

分布区域：我国各地均有分布，大洋洲及北美洲等地亦有分布。

篦齿眼子菜的果序

冬季的篦齿眼子菜

石龙尾 *Limnophila sessiliflora*

多年生沉水草本 / 车前科，石龙尾属

沉水的茎无毛或近无毛

沉水叶多裂，裂片细而扁平或毛发状

石龙尾的茎细长，沉水部分无毛或近无毛；气生部分长6~40厘米，略有分枝，被多细胞短柔毛，少数无毛。沉水叶长5~35毫米，多裂；裂片细而扁平或毛发状；气生叶全部轮生，椭圆状披针形，有圆齿或开裂，密被腺点。花无梗或少数有短梗，单生于气生茎和沉水茎的叶腋；花冠紫蓝色或粉红色。蒴果近球形，两侧略扁。

生长周期： 3~4月开始萌芽，6月始花，花果期可持续至11月，秋后遇霜，植株枯萎。

生长环境： 石龙尾生长缓慢，对铁肥需求明显，喜光，在光照充足的环境中长势极好；多生于水塘、沼泽、水田或路旁、沟边湿处。

繁殖方式： 多以无性繁殖为主，其中扦插和分株两种繁殖方式较为简便。扦插多于夏季，剪取12~15厘米的顶端茎插入沙床中，水温保持在20~25℃，约2周便可生根。分株法在春季萌芽前，切取地下茎的侧芽进行栽种繁殖。

种植要领： 采用移植法进行幼苗栽种，沉水栽培的密度为每平方米10~25株，挺水栽培的密度为每平方米25~36丛，每丛3~5芽。水体深度约为透明度的2倍以内，基质以沙质或软质底泥为佳。

养护管理： 养护期间要随时修剪老化植株，减少养分消耗，促进新枝叶的萌发。

观赏价值： 石龙尾株形美观，常作为公园水景区栽培的沉水观赏植物及水族箱的中、后景装饰植物，丛植或片植均可。

分布区域： 在我国主要分布在广东、广西、福建、江西、湖南、四川、云南、贵州、浙江、江苏、安徽、河南、辽宁等地，朝鲜、日本、印度、尼泊尔、不丹、越南、马来西亚及印度尼西亚等地亦有分布。

蒴果近球形，两侧略扁

路旁的石龙尾

野生状态下的石龙尾

浅水处，石龙尾常挺水生长

丛植或片植均可

石龙尾的挺水叶

大茨藻 *Najas marina*

又名茨藻、玻璃藻 / 一年生沉水草本 /
水鳖科，茨藻属

茎质脆，呈黄绿色至
墨绿色，多汁

叶片为线状披针形，
边缘有粗锯齿

大茨藻的植株多汁，较粗壮，质脆，呈黄绿色至墨绿色；有节，基部节上生有不定根，有分枝，多呈二叉状，生有稀疏锐尖的粗刺。叶近对生和3叶假轮生，无柄；叶片为线状披针形，稍向上弯曲，边缘有粗锯齿；叶鞘宽圆形，抱茎，全缘或上部有稀疏的细锯齿。花黄绿色。瘦果黄褐色，椭圆形或倒卵状椭圆形。

生长周期：4月底至5月初开始萌芽，6~9月为植株生长旺盛期，7~10月为花果期，11月前后水温逐渐下降，植株开始枯萎。

生长环境：生长适应性强，常呈单一种群分布；多生于池塘、湖泊和缓流河水中。

繁殖方式：有性繁殖和无性繁殖均可。

种植要领：大茨藻可在6月进行移植，移植密度为每平方米9~16株；基质以软质底泥为好，宜定植在深度1.5米以内、相对静止的水体中。

养护管理：大茨藻生长适应性强，在生长旺盛期应注意对植株进行疏除管理，避免植株生长过密造成养分与光照不足。

观赏价值：大茨藻比较适合丛植或孤植于水族箱内，其叶色青翠，光泽鲜亮，十分适宜近距离观赏。

分布区域：我国华东及长江以北各地均有分布，在朝鲜、日本、马来西亚、印度等国及欧洲、非洲和北美洲等地亦有分布。

园艺种类：小茨藻。株高5~100厘米，纤细易折断，下部匍匐，上部直立，呈黄绿色或深绿色，基部节上生有不定根。茎圆柱形，光滑无齿，茎粗0.5~1毫米或更粗，茎部有节，多分枝。上部叶为3叶假轮生，下部叶近对生，较密集；叶片为窄线形，叶色翠绿，质地柔软或硬挺。花小，单性，单生于叶腋。瘦果黄褐色，狭长椭圆形。花果期为6~10月。

小茨藻

常作为水族箱背景装饰

水车前 *Ottelia alismoides*

又名水带菜、水芥菜、龙舌草 /
一年生或多年生沉水草本 / 水鳖科，水车前属

水车前的茎极短或近无茎。叶聚生于基部，叶形多变，一般沉水叶为狭矩圆形，浮水叶为阔卵圆形。花两性，多数为白色，少数为浅蓝色。

生长周期：4~5月种子开始发芽，7~11月为花果期，秋末冬初，随着水温降低，植株开始逐渐枯萎。

生长环境：性喜强光、通风良好的环境；喜静水或水流缓慢的水体环境；多生于水田、沟渠、河流、池塘和湖泊中。

繁殖方式：有性繁殖为主。4月初播种，播种初期苗床水深在3~5厘米，随幼苗逐渐生长，再提高水位。

种植要领：6~9月幼苗长至一定大小时，用移植法进行定植，定植密度为每平方米4~9株；基质以软质或沙质底泥为宜。

养护管理：生长期应注意对水质及水位的把控，水车前喜净水，如遇污染，易出现病害。

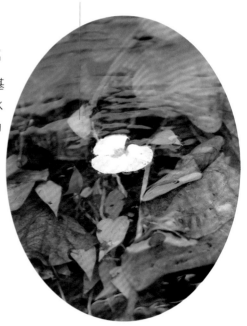

沉水叶为狭矩圆形

生态价值：水车前对水中的铜、铅、锌等重金属有一定的富集作用，是构建及修复水下世界的先锋植物。

分布区域：我国云南、四川、广西、广东、湖南、湖北、江西、福建、浙江、安徽、江苏、河南等地有分布，印度、澳大利亚等地亦有分布。

中华萍蓬草和水车前群落

叶挺出水面之前，呈卷曲状

穗花狐尾藻 *Myriophyllum spicatum*

又名穗状狐尾藻、泥茜、布拉狐尾、凤凰草 /
常绿沉水草本 / 小二仙草科，狐尾藻属

穗花狐尾藻的根状茎发达，节部生根。茎圆柱形，多分枝。叶对生、互生或轮生，为线形至卵形，全缘或为羽状分裂；全株几乎都为沉水叶，披针形，较强壮，鲜绿色。花小无柄，生于叶腋，或呈穗状花序，花单性，雌雄同株或异株，或杂性株。

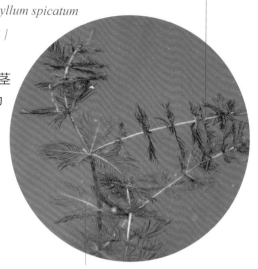

茎圆柱形，多分枝

叶为线形至卵形，
全缘或为羽状分裂

生长周期： 3~4月开始萌芽，4~9月为花果期。

生长环境： 喜温暖湿润、阳光充足的气候环境，夏季生长旺盛，耐低温，北方地区入冬后，在冰层下仍能保持常绿；南方地区冬季生长缓慢；在微碱性的土壤中生长良好。常见于池塘、河沟、沼泽中。

繁殖方式： 以无性繁殖为主，扦插在每年4~8月进行，选择长20~30厘米的茎尖作为插穗。也可采用分株法进行育苗，在pH值为7.0~8.0的淡水中进行栽培，水体最好有一定的流动性。

种植要领： 起苗后用移植法来移栽，基质以软质和沙质底泥为宜，水体透明度40厘米左右；种植密度每平方米6~9丛。

养护管理： 生长适应性强，应适时做疏除处理，调整植株的覆盖度和密度。

观赏价值： 叶片纤细，在水体中视感飘逸，是装饰水族箱的理想材料，丛植或孤植均可。

分布区域： 在我国黑龙江、吉林、河北、安徽、江苏、浙江、广东、广西、台湾等地均有分布；俄罗斯、日本等国亦有分布。

园艺种类： 狐尾藻。根状茎生于泥中，节部生有多数不定根；茎为圆柱形，直立生长，多分枝；叶无柄，丝状全裂；穗状花序生于水面之上，雌雄同株。茎长20~50厘米。

四蕊狐尾藻。根状茎发达，节部生根。茎圆柱形，顶部伸出水面，少分枝，叶通常5片轮生，篦状分裂，茎顶部水上叶披针形或匙形，有齿刻或不明显的锯齿，渐次变成苞片状、掌状浅裂。小花单生于叶腋，单性，雌雄同株。花期为3~9月，果期为4~10月。多生长于浅水中，原产于我国海南省三亚市、乐东市，在印度、越南也有分布。

穗状花序，花小无柄

矮狐尾藻。根状茎在水底泥中蔓延，节部生根。茎多数，顶部伸出水面。叶互生，沉水叶羽状细裂，茎上部水上叶羽状裂，或尖锯齿状，或全缘。花单生于叶腋内，通常两性。喜生于水田中。原产于我国广东、福建，在北美洲及印度东部也有分布。

耐寒性强，冬季以营养体越冬，呈常绿状

粉绿狐尾藻，茎长 1~2 米，花序常生于挺水叶叶腋

对其他藻类有抑制作用，其适应性强，抗污染能力也强

常野生于鱼塘中，与苦草、黑藻等伴生

顶梢常常呈红色

有时呈单一种群或优势种分布，常出现在废弃的鱼塘中

水盾草 *Cabomba caroliniana*

又名鱼草、绿菊、白花穗莼 / 多年生沉水草本 /
莼菜科，水盾草属

水盾草的茎长可达1.5米左右，分枝较多，幼嫩部分有短柔毛。沉水叶对生，掌状分裂，二叉分裂成线形小裂片；浮水叶较少，为狭椭圆形，边全缘或基部2浅裂。花单生在枝上部，常居于沉水叶或浮水叶的叶腋；花梗被短柔毛；萼片浅绿色，椭圆形；花瓣绿白色，与萼片近等长或稍大。

沉水叶掌状分裂，二叉
分裂成线形小裂片

花单生在枝上部，
花白色

生长周期： 3~4月开始萌芽，7~10月为花期，秋后遇霜植株逐渐枯萎。

生长环境： 喜温暖，怕寒冷，喜光，对光照适应性强；在12~25℃的温度内生长良好，越冬温度不宜低于4℃；多生于平原水网地带的河流、湖泊、运河和渠道中。

繁殖方式： 水盾草的繁殖能力强，每个节位在适宜的条件下均能发育成完整的植株。

种植要领： 可用移植法或扦插法种植；密度为每平方米9~16丛；水体深度一般不超过水体透明度的2倍，基质以软质底泥为宜，水体pH值以6.0~9.0为佳。

养护管理： 水盾草对水质要求不高，对肥料的需求量中等，生长旺盛期可每隔1~2周追肥1次。随着植株的生长，应适时进行修剪，以保证更好的株形。

观赏价值： 水盾草的叶形雅致美观，可孤植也可与黑藻、苦草、菹草等混植，在水族箱中应用较多，也可用于大型水体绿化。

分布区域： 原产于南美洲，在我国江苏、上海、浙江、山东、北京等地均有分布。

翠绿，雅致美观，成群落生长时需要防治其蔓延成灾

常置于水族箱中，作为观赏植物

微齿眼子菜 *Potamogeton maackianus*

又名禾叶眼子菜 / 多年生沉水草本 /
眼子菜科、眼子菜属

茎细长，有分枝

叶无柄，为条形

微齿眼子菜的茎细长，有分枝，节处生有多数须根。叶为条形，无柄，先端钝圆，基部与托叶贴生成短的叶鞘，叶缘有微细的疏锯齿；叶鞘长抱茎，顶端有膜质小舌片。穗状花序顶生，有花2~3轮；花序梗与茎等粗；花小，有4枚被片，淡绿色，有雌蕊4枚。果实为倒卵形。

生长周期：微齿眼子菜的花果期为7~10月。

生长环境：喜温热也耐寒，在长江中下游以南地区可终年常绿，喜微酸的静水环境；多生于湖泊、池塘等处。

繁殖方式：以无性繁殖为主。利用其断枝可自行繁殖，也可进行人工扦插繁殖。

种植要领：定植宜选在微酸、软质或沙质底泥的环境中，水体深度在2.5米以内；定植密度每平方米6~12丛，每丛10~25芽。

养护管理：微齿眼子菜在生长旺盛期如遇长势过旺，可进行绞草打捞，控制其生长范围。

观赏价值：植株纤细飘逸，适宜种植在静止或水流缓慢的水境中，美化水面。也可片植或丛植于小型鱼池中，提升水境美感，为鱼、虾创造良好的栖息地。

分布区域：我国东北、华北、华东、华中及西南等地有分布，俄罗斯、朝鲜、日本亦有分布。

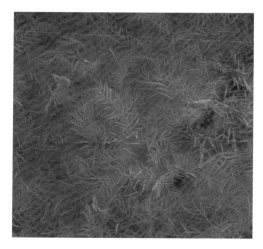

竹叶眼子菜 *Potamogeton wrightii*

又名箬叶藻、马来眼子菜 / 多年生沉水草本 /
眼子菜科，眼子菜属

茎为圆柱形，茎节处有须根　叶为条形或条状披针形

竹叶眼子菜的根茎较为发达，节处生有须根。茎为圆柱形，直径约2毫米。叶为条形或条状披针形，有长柄，少数有短柄。穗状花序顶生，有花多轮。果实倒卵形。

生长周期： 3~4月开始萌芽，6~10月为花果期，秋后遇霜地上部分枝叶逐渐枯萎。

生长环境： 喜温暖、光照充足的生长环境，较耐寒，在静水或流动的水体中皆能保持良好长势；多生于灌渠、池塘、河流等处。

繁殖方式： 以无性繁殖为主。春季可利用地下根状茎上萌发的新芽完成新株繁殖。4~9月生长期可剪取一定长度的茎做插穗，进行扦插繁殖。

种植要领： 种植密度每平方米9~16丛，每丛3~5芽；基质以肥力高、软质或较硬底泥及砂砾含量较高的底泥均可；水体pH值以6.0~8.5为宜。

养护管理： 秋、冬季及时清理枯萎的残枝，避免对水体造成污染。

经济价值： 竹叶眼子菜的营养价值较高，全草可作为食草性鱼类、猪、鸭的饲料；还可入药，有清热明目的功效。

观赏价值： 竹叶眼子菜的茎叶细长柔软，叶形似竹叶，在流动的水体中更显飘逸，片植或丛植均可。进行水族箱装饰时，宜选用直径3~5毫米的砾石作为栽培基质。

生态价值： 竹叶眼子菜有去除水体中总氮和总磷的作用，可作为一些富营养化水体修复的先锋植物。

分布区域： 分布于俄罗斯、朝鲜、日本及印度等国，在我国各地均有分布。

穗状花序顶生，乳白色

潮湿地植株叶片为长卵形，顶端渐尖

菹草

Potamogeton crispus

又名虾藻、虾草、麦黄草、札草、马藻、皱叶眼子菜 /
多年生沉水草本 / 眼子菜科，眼子菜属

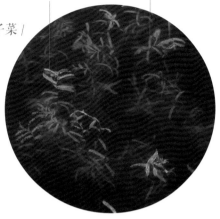

叶为条形，叶缘略呈浅波状，有细锯齿

茎分枝较多，节处生有须根

菹草有近圆柱形的根茎；茎稍扁，分枝较多，近基部常匍匐地面，节处生有须根。叶为条形，无柄，先端钝圆，基部约1毫米与托叶合生，叶缘略呈浅波状，有细锯齿。穗状花序顶生，有花2~4轮；花序梗棒状，较茎细；花小，有被片4枚，淡绿色，雌蕊4枚，基部合生。果实卵形。

生长周期： 菹草的生命周期与多数水生植物不同，它在秋季发芽，冬春生长，4~5月开花结果，夏季6月后逐渐衰退腐烂，同时形成芽苞，可以越冬。

生长环境： 多生于池塘、湖泊、溪流中；尤喜欢静水池塘或沟渠，喜微酸至中性水体。

繁殖方式： 用根状茎及芽苞进行繁殖。根状茎繁殖时，于每年的12月至翌年3月，将根状茎分割成长度为25~35厘米的插穗，按3~5枝一丛的量插入底泥中即可。芽苞繁殖时，于9~11月，将芽苞直接均匀撒播水面即可。

养护管理： 6月前后植株枯萎，应及时打捞残枝，有助于冬季萌芽，也能避免水体污染。菹草的生长旺盛，长势过密时可用绞草的方法进行疏除。

经济价值： 菹草的幼嫩茎叶可作蔬菜食用，是草食性鱼类的天然饵料，还可作为绿肥。

生态价值： 菹草在水质污染较严重的环境中仍能生长发育，且对锌、砷有较高的富集和净化能力，适宜在人工湿地应用。

分布区域： 广布于世界各地，在我国各地分布广泛。

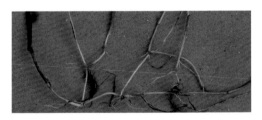

菹草的根系

菹草的顶芽

菹草群落

南方狸藻 *Utricularia australis*

多年生沉水草本 / 狸藻科，狸藻属

捕虫囊侧生于叶器裂片上

南方狸藻有2~4枚假根，生于花序梗基部上方，丝状，有短的总状分枝；匍匐枝为圆柱形。叶器互生；有捕虫囊多数，侧生于叶器裂片上，斜卵球形，侧扁，有短柄；口侧生，边缘疏生小刚毛，上唇有2条不分枝或分枝的刚毛状附属物，下唇无附属物。秋季于匍匐枝及其分枝的顶端生冬芽，冬芽为球形或卵球形，密生小刚毛。

生长周期： 南方狸藻在每年春季3~4月开始萌芽，7~11月进入花果期，入秋后生越冬芽，12月植株枯萎后进入休眠期。

生长环境： 南方狸藻为漂浮型沉水植物，常与其他水生植物组成共生群体，适应性强，多生于水田、浅水池塘等处。

繁殖方式： 多以无性繁殖为主，可在生长季用断枝进行繁殖，也可采取越冬芽繁殖。

种植要领： 可用越冬芽直接种植，也可用移植法定植幼苗；种植密度每平方米20~30株，在植株整个生长期均可进行；水体深度控制在1米以内，以相对静止、水流缓慢的水体为宜。

养护管理： 喜水流缓慢，定植初期及生长期应注意对水位、水流、水质的管理。

观赏价值： 植株沉于水下，花挺出水面，片植、丛植均可。适合种植在静止的水系中，浅水处可与金鱼藻、小茨藻等混植；水深梯度可与睡莲等浮叶植物配置，点缀在睡莲叶片间，别有一番美感。

分布区域： 分布于我国华东、中南、华南和西南等地，东南亚和非洲等地亦有分布。

同科同属植物： 黄花狸藻。植株呈翠绿或黄褐色，有明显主茎，分枝较多，以

花顶生，黄色

捕虫囊

不同方向呈不规则状态生长。叶互生，呈丝状分裂，叶上长有捕虫囊，可捕捉水中微生物。在草缸培育时，捕虫囊会消失。水质适应能力较强，低光、低肥环境中也能生长；不耐高温，适宜在25℃以下的水体中培育。

少花狸藻。没有真正的根和叶，匍匐枝成丝状，茎变态成假根及叶器；叶器全缘或细裂成线形至毛发状；花量极少，仅有1~3朵，花萼2深裂；花冠有隆起的喉凸，喉部闭合。

水田、浅水池塘处多见，常与其他水生植物共同组成群落

常作为水族箱背景草

常片植于静置景观水体浅水处，可与睡莲等浮叶植物混植

黄花狸藻无越冬芽孢，花序梗无鳞片

金鱼藻 *Ceratophyllum demersum*

又名细草、鱼草、软草、松藻 / 多年生沉水草本 /
金鱼藻科，金鱼藻属

叶为4~12枚轮生

茎略细，
有分枝

茎长40~150厘米，有分枝。叶为4~12枚轮生，有1~2次二叉状分枝，裂片丝状，或丝状条形，先端带白色软骨质，边缘仅一侧有数细齿。花直径约2毫米；苞片条形，浅绿色，先端有3齿，带紫色毛；有雄蕊10~16枚，微密集。坚果宽椭圆形，黑色。金鱼藻没有真正的根系，只有假根。

生长周期： 2月下旬至3月初开始萌芽，5~9月为花果期，果实成熟后下沉至泥底，休眠越冬。

生长环境： 性喜热也耐寒，在冬季低温-2℃以上地区能以营养体自然越冬；耐污性较强，常群生于淡水池塘、水沟、稳水小河及水库中。

繁殖方式： 可通过断枝和芽孢完成繁殖。金鱼藻的断枝生根后逐渐下沉至水底着根，生成新植株，成活系数高。也可用芽孢繁殖，春季芽孢和腋芽开始生长，并产生不定根和新芽。

种植要领： 种植密度每平方米16~49丛；在中度富氧化及贫营养化水体中均可种植，喜相对静止的水体，pH值以6.0~9.0为宜。

养护管理： 生长期注意水位管理，金鱼藻的水域不能过深，1米之内为佳。

观赏价值： 金鱼藻适宜种植在小型静止水体中，也适合种植于水族箱中。

分布区域： 在我国东北、华北、华东等地均有分布；蒙古、朝鲜、日本、马来西亚、俄罗斯及其他一些欧洲国家亦有分布。

园艺种类： 细金鱼藻。茎细且软，节间长1~2厘米，有分枝。叶鲜绿色，裂片丝状，边缘一侧有极疏生细齿。坚果椭圆形，黑色，花期为6~7月，果期为9~11月。多生于小河及池沼中；原产于我国福建、台湾、云南等地，在欧洲、亚洲及非洲北部均有分布。

五刺金鱼藻。茎平滑，多分枝，枝顶分枝较短。叶常10枚轮生，2次二叉状分枝，裂片条形。坚果椭圆形褐色，平滑。果期9~11月。多生在河沟或池沼中；原产于我国黑龙江、辽宁、河北、台湾等地，俄罗斯及日本亦有分布。

东北金鱼藻。茎分枝，顶端分枝较短。叶常5~11轮生，3~4次二叉状分枝。坚果椭圆形，褐色。果期9月。多生在小河或沼泽中。原产于我国黑龙江、吉林、辽

叶的裂片为丝状或丝状条形

宁、内蒙古等地。可作为猪、鱼及家禽饲料，也可栽在水族箱内供观赏。

宽叶金鱼藻。茎长约30厘米，稍分枝。叶6~8轮生，3次二叉状分枝，偶有2次二回分枝，一回及二回裂叶条形，末回裂片丝状。坚果椭圆形，灰褐色，果期为10月。常生于浅水莲池，主要分布于湖北省境内。

金鱼藻造景

野外的金鱼藻

常作为水族箱背景草

宽叶金鱼藻常生于浅水莲池，茎长30厘米左右

因金鱼藻缺乏根系固着底泥，大面积种植必须保持水体的相对静止，否则易漂流

黑藻 *Hydrilla verticillata*

又名克罗草、轮叶水草、蜈蚣草 / 多年生沉水草本 /
水鳖科，黑藻属

茎圆柱形，有
分枝，质较脆

叶为轮生，呈线形
或长条形

黑藻的茎伸长，有分枝，呈圆柱形，表面有纵向细棱纹，质较脆。休眠芽为长卵圆形；苞叶为狭披针形至披针形，呈螺旋状紧密排列，白色或淡黄绿色。叶为4~8枚轮生，呈线形或长条形。花单性，雌雄异株；雄佛焰苞近球形，绿色，表面有明显的纵棱纹，顶端有凸刺。果实圆柱形，内有茶褐色种子2~6粒。

生长周期： 3月初开始萌芽，6~9月为花果期，秋后遇霜茎叶开始变黄。

生长环境： 喜光照充足的生长环境，喜温暖，耐寒冷，夏季水温高于40℃时生长缓慢；多生于水田、池塘、沟渠、溪流、湖泊等水体中。

繁殖方式： 在生长期剪取茎段作为插穗扦插繁殖；也可通过播撒芽苞进行繁殖，春季水温回升后，直接将芽苞撒入水中，芽苞基部叶腋中会萌发不定根和新芽，长成新植株。

种植要领： 黑藻喜软质底泥，水体的pH值以6.0~8.5为宜，水体深度控制在水体透明度的2倍以内，可根据水体透明度进行调整，最深不要超过4米；种植密度每平方米9~16丛，每丛10~15芽。

养护管理： 霜后植株逐渐枯萎，应适时打捞残枝，监管水质，避免螺害。

药用价值： 黑藻全草可入药，有清热解毒、利尿祛湿的功效，可治疮疖、无名肿毒。

观赏价值： 黑藻株形纤细修长，孤植或丛植于静水或微流动的水体中，形态优雅飘逸。在中小型水景中可与苦草、眼子菜等植物混植，也可单一种类丛植。

生态价值： 黑藻对污水中的铜、锌等重金属有较强的富集作用，可作为净化水质的先锋植物。

分布区域： 广泛分布于亚欧大陆热带至温带地区，在我国各地均有分布。

密植黑藻

可作为猪、鱼饲料，有些地方也将其作为鸭
和鹅的饲料

丛植、片植均可，也能与挺水或浮水植物混植，
具有很强的观赏性

缸培黑藻，葡匐枝的顶芽肥大，可越冬繁殖

可作鱼饲料，野生黑藻间常有小鱼出没

尖叶眼子菜 *Potamogeton oxyphyllus*

多年生沉水草本 / 眼子菜科，眼子菜属

沉水草本，无根茎；茎为椭圆柱形或近圆柱形，有分枝，基部常匍匐地面，节处生淡黄色须根。叶线形，无柄，微弯曲呈镰状，先端渐尖，基部渐狭，全缘。穗状花序顶生，有花3~4轮；花序梗自下而上稍膨大成棒状；花小，被片为绿色；有雌蕊4枚。果实倒卵形。

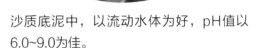

叶线形，微弯曲呈镰状，全缘

花小，被片为绿色

生长周期：3月下旬开始萌芽，4月始花，5月进入盛花期，花期可持续至8月底，10月果熟，11月霜后植株枯萎，进入休眠期。

生长环境：性喜流动、洁净的水体，沙石基质为好；喜温热，不耐寒，喜光，耐阴性较差；多生于池塘、溪沟及江河中。

繁殖方式：无性繁殖为主，要求圃地水质清澈见底。扦插繁殖，可在生长季节剪取带有3节以上的插穗，插入沙质苗床，苗床水深在30厘米以上。

种植要领：定植密度为每平方米16~25丛，每丛5~10芽；适宜种植在软质或沙质底泥中，以流动水体为好，pH值以6.0~9.0为佳。

养护管理：注意对水质、水位的管理，要保持一定的透明度及清洁度。

观赏价值：尖叶眼子菜的茎长而柔软，整体暗红色，生长茂密，小花挺出水面，适宜在水深梯度片植或丛植。侵占性强，不适合与其他植物混植。

分布区域：广泛分布于全国各省，日本、朝鲜及印度亦有分布。

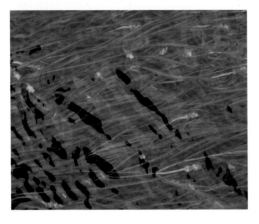

尖叶眼子菜花后沉水发育

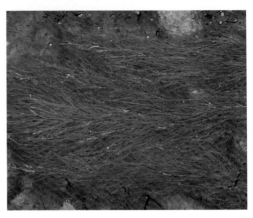

尖叶眼子菜片植

第六章

🌱 湿生植物

　　湿生植物多指喜水性植物，但植株的根茎以上部分不宜长期浸泡在水中。广义上是指生长在沼泽、水池或小溪边沿湿润土壤中的植物；狭义上是指生长在水陆交会处、土壤潮湿或有浅层积水环境中的植物。如水蓼、红蓼、花菖蒲、大叶蚁塔等。

西伯利亚鸢尾 *Iris sibirica*

多年生湿生草本 / 鸢尾科，鸢尾属

根状茎粗壮，斜伸；须根黄白色，绳索状，有皱缩的横纹。叶灰绿色，条形，顶端渐尖。花茎高于叶片，平滑，有1~2枚茎生叶。苞片3枚，膜质，绿色，边缘略带红紫色，狭卵形或披针形，顶端短渐尖，有2朵花；花蓝紫色；外花被裂片倒卵形，上部反折下垂，内花被裂片狭椭圆形或倒披针形，直立。蒴果卵状圆柱形、长圆柱形或椭圆状柱形，无喙。品种繁多。

条形叶，顶端渐尖

花茎高于叶片，平滑状

生长周期： 3月底至4月初萌芽，5月初始花，11月叶逐渐枯黄。

生长环境： 耐寒又耐热，在浅水、林阴、旱地或盆栽均能生长良好；抗病性强，是鸢尾属中适应性较强的一种。

繁殖方式： 有性繁殖和无性繁殖均可。以分株繁殖应用较多，在春季起苗后，按2~4芽分切成小丛后移栽至苗床，再灌水至土壤饱和。

种植要领： 适合种植在水位线以上或季节性水淹地、潮湿地等处；种植密度每平方米20~25丛，每丛6~10芽。

养护管理： 开花后及时修剪，将花葶从基部剪除，以减少营养的消耗，这样更有利于新芽的萌发。在植株种植1~2年后，应对分蘖过多的植株进行疏除或分株，更新植株，使株形完美。

观赏价值： 西伯利亚鸢尾花大似蝶，颜色艳丽，片植非常壮观。适合配置于水际线两侧，与黄菖蒲、狭叶香蒲搭配，利用植株的体量差营造层次感。还可丛植于水池边、假山旁，以及水域消落带、林下等处。

分布区域： 原产于中欧和亚洲，在我国华北、华东地区均有栽培。

造景时常用的材料之一

蒴果卵状圆柱形、长圆柱形或椭圆状柱形，无喙

白色西伯利亚鸢尾

花葶直立，花蓝紫色

带状种植于水际线以上

常用于装饰花境

丛植于园林一角，开花后十分美观

片植非常壮观，适合配置于水际线两侧

大叶蚁塔 *Gunnera manicata*

多年生湿生草本 / 大叶草科，大叶草属

叶巨大，叶片表面粗糙，厚革质

叶柄粗壮，布满尖刺，嫩绿色

大叶蚁塔是大型观叶植物，植株高4米左右。叶片表面粗糙，厚革质；叶柄粗壮，布满尖刺，颜色嫩绿。圆锥塔状花序，淡绿带棕红色。种子细小，种皮坚硬。

生长环境：喜温暖潮湿的生长环境，忌高温，耐寒性弱，喜光照、水分充足、土壤肥沃的环境中，通常栽种于溪流、池塘边。

繁殖方式：以无性繁殖为主，将带芽的老茎分割成段作插穗，插穗扦插前先阴干2~3天，以利切口愈合，可直接扦插于容器中，生根发芽后再进行移植。

种植要领：喜基质肥沃，可定植于潮湿地或水岸边；大叶蚁塔的植株高大，株行距应保持在3米左右。

养护管理：冬季植株枯萎后，应及时对根部进行培土保温，以利植株顺利越冬。

观赏价值：大叶蚁塔植株高大，适合孤植或丛植在河流、湖泊、池塘等水系边缘。

分布区域：原产于南美洲，我国广东、广西、云南等地均有栽培。

圆锥塔状花序，淡绿带棕红色

孤植于水系边缘

丛植于路旁

半边莲 *Lobelia chinensis*

又名急解索、细米草、蛇舌草、半边花、水仙花草 /
多年生湿生草本 / 桔梗科、半边莲属

互生叶无柄
或近无柄

茎细弱,有直立的
分枝,茎节可生根

半边莲的植株矮小,高仅有6~15厘米,茎细弱,茎节可生根,有直立的分枝。叶为互生,无柄或近无柄,呈椭圆状披针形至条形,先端急尖,基部圆形至阔楔形,全缘或顶部有明显的锯齿。花单生在分枝的上部叶腋;花梗细。

生长周期: 2月底至3月初开始萌芽,5月始花,花果期可持续至10月底,秋后遇霜,植株开始枯萎,进入休眠期。

生长环境: 喜潮湿环境,稍耐旱,耐寒,可在田间自然越冬;可挺水、湿生,亦可陆生;喜光,耐阴,在全日照下和林下均能生长;多生于田埂、草地、沟边、溪边潮湿处。

繁殖方式: 有性繁殖和无性繁殖均可。有性繁殖时,在春季4~5月进行播种,新苗长出后,根据株丛大小,每株丛可分4~6株不等。无性繁殖时,可在高温、高湿季节进行扦插繁殖,将植株茎枝剪下,分段后扦插于圃地,温度控制在24~30℃为宜,保持土壤潮湿,约10天后可生根。

种植要领: 作挺水栽培时,水体深度在5厘米以内,基质以软质底泥为好。作湿生植物种植时,可选在水岸边或林下等处;种植密度通常以覆盖60%~70%为宜。

养护管理: 幼苗养护期注意松土除草;生长期需要保持土壤湿润。夏季收获后需追施1次畜粪或硫酸铵、尿素等;冬季施腐熟肥或堆肥。

药用价值: 半边莲全草可入药,有清热解毒、利尿消肿的功效,可治毒蛇咬伤、肝硬化腹水、血吸虫病腹水、阑尾炎等症。

观赏价值: 半边莲的株形娇小可爱,匍匐状生长,花形别致,花期长,片植或丛植均可。适宜应用在小体量的水系中,如庭院水景旁;也可在水岸线以上区域片植,与水蜈蚣、卵叶丁香蓼等低矮的植物搭配。

分布区域: 我国长江中、下游及以南各地常见,印度以东的亚洲其他各国亦有分布。

花冠粉红色或白色

大花美人蕉 *Canna × generalis*

又名美人蕉 / 多年生湿生草本 /
美人蕉科，美人蕉属

总状花序顶生，每一
苞片内有花 1~2 朵

茎、叶被有白粉

大花美人蕉株高约1.5米，茎、叶和花序均被白粉。叶为椭圆形，叶缘、叶鞘紫色。总状花序顶生，花大而密集，每一苞片内有花1~2朵；萼片为披针形；花冠裂片披针形；外轮退化有雄蕊3枚，呈倒卵状匙形，颜色丰富；唇瓣倒卵状匙形；发育雄蕊为披针形。

生长周期： 早春开始萌芽，6月始花，花期长，可持续开花至霜降后；12月中旬前后枝叶开始枯萎，进入休眠期。

生长环境： 喜温暖湿润的气候环境，喜阳光充足，不耐寒，怕强风和霜冻；对土壤要求不高，可耐瘠薄，在肥沃、湿润、排水良好的土壤中生长良好。

繁殖方式： 有性繁殖和无性繁殖均可。有性繁殖，播种前先将种子做破壳、浸水处理后再播种，2~3周可出芽。无性繁殖，在生长期将老根茎挖出，分割成块状，每块根茎上保留2~3个芽，栽植深度10厘米左右为宜，浇足水。

种植要领： 3~9月生长期种植；基质以软质或沙质底泥为宜，pH值为6.0~8.5，旱地或季节性淹水区皆可种植；种植密度每平方米5~9丛，每丛3~5芽。

养护管理： 花后及时将花茎从基部剪去，可促进新茎抽出；秋后应及时清理枯萎残枝，对根部进行培土，以备安全越冬。

观赏价值： 大花美人蕉叶片翠绿，花朵艳丽，花色丰富，宜作花境背景或在花坛中心栽植，也可丛植或呈带状种植在林缘、草地边缘及水岸边。

生态价值： 大花美人蕉能吸收空气中的二氧化硫、氯化氢等有害物质；对污水中的总氮、总磷有较高的去除率，可作为净化空气、保护生态环境的先锋植物。适宜在人工湿地和人工浮岛种植。

分布区域： 原产于美洲热带地区，现我国各地均有栽植。

园艺种类： 美人蕉。多年生宿根草本植物，原产于印度、马来半岛等热带地区。全株绿色无毛，被蜡质白粉；地上枝丛生；单叶互生；有鞘状的叶柄；叶片为卵状长圆形。花为单生或对生，红色；花果期为3~12月。

柔瓣美人蕉。叶片为长圆状披针形；总状花序直立，花少而疏；花黄色，质柔而脆；萼片为披针形绿色；花冠管明显，长达萼的2倍；花后反折。夏、秋两季开花，适宜作庭园观赏植物。

紫叶美人蕉。茎粗壮，高约1米，呈紫红色，叶片密集，为卵形或卵状长圆形，暗绿色，叶脉略呈染紫或古铜色。总状花序超出于叶片之上；苞片紫色，卵形，萼片披针形，紫色；唇瓣舌状或线状长圆形，顶端微凹或2裂，弯曲，呈红色；夏、秋季开花。

金叶美人蕉。地上茎直立，高50~150厘米，叶大型，互生，呈长椭圆形，茎叶有白粉，叶色黄绿相间；数十朵花簇生在一起，花为橙红色，花期在6~10月。金叶美人蕉喜阳光充足和温暖的环境，不耐寒，在我国华南地区可四季开花；对土壤要求不高，喜生于土层深厚、疏松、肥沃而排水良好的基质中。

叶为椭圆形，叶缘、叶鞘紫色

花大而颜色鲜艳

混色美人蕉

紫叶美人蕉的叶片密集，呈紫红色

美人蕉

柔瓣美人蕉

蒲苇 *Cortaderia selloana*

又名银芦 / 多年生湿生草本 /
禾本科，蒲苇属

茎秆高大粗壮，丛生　　叶片簇生于秆基

雌雄异株；茎秆高大粗壮，高2~3米，丛生；叶片质硬，狭窄，簇生于秆基，边缘有锯齿。圆锥花序大而稠密，银白色至粉红色；雌花穗每一小穗轴节处密生绢丝状毛，每小穗有2~3朵花；雄穗为宽塔形，无毛。

生长周期： 华北地区于4月上旬萌芽，5月初展叶，花期为8月下旬至9月上旬，10月底开始落叶；南方地区于3月中下旬萌芽，9~10月开花，11月果期结束后，冬季仍有绿叶相伴。

生长环境： 喜温暖湿润、阳光充足的环境，有较好的耐寒性；对土质要求不高，喜肥也耐贫瘠，在疏松和黏性重的土壤中均能保持良好长势；喜水也耐旱，在旱地、浅水区和易积水区域均可种植。

繁殖方式： 多以播种等方式进行繁殖，种子播于穴盘中，基质可用泥炭，待苗长到20厘米高时，移植到圃地培苗。

种植要领： 在3~10月生长期均可进行种植，春季最宜；种植密度每平方米1~2丛；适宜种植在水位线以上，中性及微酸性土壤中。

养护管理： 在春季萌芽时要修剪花序及残叶，以促进新芽萌发。

观赏价值： 蒲苇花穗长而美丽，丛植、片植均可。丛植可点缀庭院，片植可装饰水岸线，也可孤植于置石旁、水系线条变化处、建筑物及构筑物旁。

分布区域： 原产于南美洲，现我国华北、华中、华南、华东等地均有栽培。

园艺种类： 矮蒲苇。多年生草本植物，株高1.2米左右，叶聚生于基部，长而狭，边缘有细齿；银白色的圆锥大花序，呈羽毛状。矮蒲苇的植株强健，耐寒，喜温暖、阳光充足及湿润的环境，要求土壤排水良好。矮蒲苇花序紧密、花量多，更宜在花境及家庭园艺中应用。

粉蒲苇。茎极狭，长约1米，宽约2厘米，略下垂，边缘有细齿，呈灰绿色。圆锥花序，呈羽状，粉红色。多应用于建筑物、构筑物旁的点缀，在花坛中可孤植或丛植。

圆锥花序大而稠密，银白色至粉红色，十分别致

花穗可做室内插花

丛植于建筑物旁

丛植于水际线附近

矮蒲苇

陆地种植

花菖蒲 *Iris ensata* var. *hortensis*

又名日本花菖蒲、叮咚花 / 多年生湿生草本 /
鸢尾科，鸢尾属

花菖蒲是玉蝉花的变种，其根状茎短而粗，须根多并有纤维状枯叶梢，叶基生，呈线形；叶中脉凸起，两侧脉较平整。花葶直立并伴有退化叶1~3枚；花径可达15厘米以上；外轮三片花瓣呈椭圆形至倒卵形，中部有黄斑和紫纹，立瓣呈狭倒披针形。蒴果长圆形，有棱，种皮褐黑色。在日本，花菖蒲品种达5000种以上。

生长周期： 春季萌发较早，5月初始花，6月中旬终花，11月霜后叶片逐渐枯黄，进入休眠状态。

生长环境： 花菖蒲喜水湿，喜肥沃、湿润的土壤条件，忌石灰质土壤，耐寒；多生于沼泽地或河岸水湿地；既能在浅水中生长，也能旱生栽培。

繁殖方式： 主要以分株繁殖为主。在春季萌芽前，将根茎分割，剪除病死老根，以3~4芽为1丛，按20~25厘米的株行距栽植，种植深度不宜过浅，根茎以上覆土应在3厘米左右。

花直径可达 15 厘米以上

花葶直立，伴有退化叶 1~3 枚

种植要领： 用移植法来定植；种植密度为每平方米16~25丛，每丛4~6芽；多种植在水位线以上或季节性淹水区等处；适宜中性或偏酸的土壤基质，尤喜肥力高的土壤。

养护管理： 应保持足够的水分，但水位要控制在根茎以下。短期淹没根茎也无妨，但忌整株被淹没。

观赏价值： 花菖蒲花朵硕大，色彩艳丽，如鸢似蝶，花期较长；叶片青翠碧绿，挺直似剑；盆栽、丛植、片植均可。宜于水际线配置，中、大面积片植。大面积片植景色壮观，可在湿地公园中应用。

生态价值： 花菖蒲可用于轻度和中度铜污染土壤的修复，以及人工湿地的改善与美化。

分布区域： 原种产于我国和日本，朝鲜、俄罗斯等国亦有分布；园艺品种在我国辽宁、山东等地及长江流域各省均有栽培。

野荞麦 *Fagopyrum dibotrys*

又名天荞麦、荞麦三七、苦荞麦、金锁银开、金荞麦 /
多年生湿生草本 / 蓼科，荞麦属

株高50~150厘米，全体微被白色柔毛；根茎粗大，呈结状，横走，红褐色。茎纤细，多分枝，有棱槽，淡绿微带红色。单叶互生，叶片为戟状三角形，长宽约相等；顶部叶先端渐尖或尾尖状，全缘或有微波。聚伞花序顶生或腋生；有花被5枚，雄蕊3枚，花柱3枚。为国家二级重点保护野生植物。注意不能采集野生种应用。

单叶互生，戟状三角形

茎纤细，多分枝，淡绿微带红色

生长周期： 3月开始萌芽，7~10月进入花果期，11月前后地上部分逐渐枯萎。

生长环境： 性喜光，喜温暖湿润的生长环境，也有较好的耐寒性，适应性强，可湿生亦可旱生；常生于沟谷两旁、林下阴湿处、山坡旷地等处。

繁殖方式： 以无性繁殖为主。在早春植株尚在休眠期时将根茎挖出，切块后进行插播；也可将夏季的茎剪成10~15厘米的插穗，去除多余叶子，扦插入苗床中，育苗期间需遮阴覆盖，管理好水分，20~30天后即可生根。

种植要领： 种植密度每平方米9~16丛，每丛5~8芽；在沼泽地、潮湿地、季节性淹水区等连续水淹时间15日以内的区域皆可种植，基质以腐殖质丰富的土壤为宜。

养护管理： 幼苗期注意防治蚜虫。

药用价值： 野荞麦的根茎可入药，有清热解毒、软坚散结、调经止痛等功效，可治跌打损伤、腰肌劳损、咽喉肿痛及痢疾等症。

观赏价值： 野荞麦的叶形别致，花形小，花色纯白，片植、丛植均可。宜植于林缘、路边、水系旁，用于湿地植物景观水陆连接过渡之用。

分布区域： 在我国江苏、安徽、江西、浙江、福建、湖北、湖南、广东、四川、云南、贵州等地均有分布。

白色花数多组成聚伞花序

片植野荞麦

红蓼 *Persicaria orientalis*

又名荭草、红草、大红蓼、东方蓼、大毛蓼 /
一年生湿生草本 / 蓼科、蓼属

红蓼的茎粗壮直立，高2米左右，叶为宽卵形、宽椭圆形或卵状披针形，顶端渐尖，基部圆形或近心形，两面密生短柔毛；叶脉上密生长柔毛；叶柄有柔毛；托叶鞘筒状，膜质。总状花序呈穗状，顶生或腋生，花紧密，微下垂；苞片宽漏斗状，草质，绿色，花淡红色或白色；花被片椭圆形，花盘明显。瘦果近圆形。

茎粗壮，紫红色　　　总状花序呈穗状，花紧密

生长周期：南方地区于2月底至3月初开始萌芽，5月初始花，花期持续至9~10月，11月霜后植株枯萎；北方地区3月底至4月初萌芽，6~9月进入花期，10月中下旬植株枯萎。

生长环境：喜温暖湿润环境，喜光照充足。对土壤要求不高，喜肥沃、湿润、疏松的土壤，也耐瘠薄；红蓼喜水又耐干旱，常生于村庄、路旁、河川两岸的草地及河滩湿地。

繁殖方式：播种繁殖为主。可条播、撒播，待幼苗长出3~4片叶后可移植至容器培苗。约1个月后便可出圃应用。

种植要领：旱地、季节性淹水区均可种植，基质以肥沃土壤为宜；作为挺水植物栽培时，水体深度应控制在50厘米以内。

养护管理：秋末冬初清除病残体，枯草和修剪后的残草也要及时清除，以减少菌源。

药用价值：入药有祛风除湿、清热解毒、活血、截疟等功效。主风湿痹痛、痢疾、腹泻、吐泻转筋、水肿、脚气、痈疮疔疖、蛇虫咬伤、小儿疳积疝气、跌打损伤、疟疾等症。

观赏价值：红蓼的茎、叶、花都适于观赏，大面积种植，花期颇为壮观。可孤植于假山、置石、楼阁等建筑物旁，宜应用于水际线配置；也可片植于消落带。

分布区域：广泛分布于我国除西藏外的地区；朝鲜、日本、菲律宾、印度等国多见，欧洲和大洋洲亦有分布。

开花时非常美丽

花序微微下垂，淡红色小花排列密集

斑茅 *Saccharum arundinaceum*

又名大密、芭茅、九节芒 / 多年生湿生草本 /
禾本科、甘蔗属

斑茅的秆粗壮，有多数节。叶鞘长于其
节间，基部或上部边缘和鞘口具柔毛；叶舌膜
质，叶片宽大，为线状披针形，顶端长渐尖，
基部渐变窄，中脉粗壮，上面基部生柔毛，边
缘锯齿状粗糙。

狭披针形的小穗，无柄或有柄，呈黄绿
色或带紫色，组成大而稠密的圆锥花序；花序
轴每节着生2~4枚分枝，每一分枝有2~3回分
出。颖果长圆形，胚长为颖果一半。

叶为线状披针形　　秆粗壮，有多数节

生长周期： 3~4月开始萌芽，8月始
花，8~11月为花果期，入秋后遇霜植株逐
渐枯萎。

生长环境： 斑茅的适应性强，喜水也
耐干旱，但根茎以上不宜长期浸泡在水中；
耐贫瘠，在山石断面和荒山荒地中亦能生
长；常生于山坡、河岸和溪涧等处。

繁殖方式： 有性繁殖和无性繁殖均
可。有性繁殖采种后于翌年3月进行催芽
播种，种子细小，播种时可与细沙掺拌。
无性繁殖多采用分株法，在春季将起好的
苗按5~10芽切成小丛，种植于肥沃的圃地
中，当年可出圃。

种植要领： 移植法完成定植，定植密
度为每平方米1~2丛，每丛20~30芽；可种
植于水位线以上，对土质要求不高。

养护管理： 霜后及时清理枯萎的残
叶，既能在冬季预防火灾，又利于春季新芽
的萌发。

观赏价值： 植株高挺秀丽，花序修长
漂亮，银色飘逸，丛植、片植均可。丛植适
用于构筑物、建筑物或置石旁；片植宜用于
滩涂、孤岛或湖泊消落带。

分布区域： 在我国华东、华南、西南
及陕西南部等地均有分布；在印度、缅甸、
泰国、越南、马来西亚等国家亦有分布。

大而稠密的圆锥花序

丛植斑茅

狼尾草 *Pennisetum alopecuroides*

又名狗尾巴草、狗仔尾、老鼠狼、芮草 /
多年生湿生草本 / 禾本科，狼尾草属

圆锥花序，淡绿色或紫色　秆直立，丛生

狼尾草的秆直立，高30~120厘米，丛生。叶鞘光滑；叶舌长有纤毛；叶片为线形，先端长渐尖，基部生疣毛。圆锥花序；主轴密生柔毛；总梗长2~5毫米，有粗糙的刚毛，淡绿色或紫色；小穗通常单生，少有双生，呈线状披针形；花药顶端无毛；花柱基部联合。颖果长圆形。

生长周期： 南方地区于3月初开始萌芽，8月开始抽穗，进入花果期，持续至秋末，12月左右开始枯萎；北方地区的萌芽期在4月初，夏、秋两季为花果期，10月末开始枯萎。

生长环境： 适应性强，耐水湿，也耐旱，喜肥，耐贫瘠，在肥沃壤土、湿润的沙地均能长势良好；多生于海拔50~3200米的田岸、荒地、道旁、小山坡上及沼泽地。

繁殖方式： 有性繁殖。以条播运用较多，播种后要防止蚂蚁及地下害虫对种子或幼苗的侵害，可用农药拌种或略施毒土。待出到5~6枚叶时，可移入营养钵培育容器苗，当年可出圃。

种植要领： 除冬季冰期外均可种植，行距以30~40厘米为宜。

养护管理： 狼尾草苗期生长较慢，常易被杂草侵入，需要及时进行中耕除草，促进幼苗的早发分蘖。如遇干旱要及时灌溉。

药用价值： 性甘，味平，入药有清肺止咳、凉血明目等功效，可治疗肺热咳嗽、咯血、目赤肿痛、痈肿疮毒等症。

观赏价值： 长势旺盛，花序留存时间长，片植视感壮观，在水际线配置时宜应用于水际线以上部分。也可沿河岸呈条状种植，环保美观，亦有固堤的作用。

经济价值： 狼尾草中粗脂肪、粗蛋白、粗纤维、无氮浸出物和灰分的含量高，是一种不可多得的饲料牧草；狼尾草还是编织或造纸的上好原料，也是一种可固堤、防沙的理想植物。

分布区域： 我国各地均有分布；日本、印度、朝鲜、缅甸、巴基斯坦、越南、菲律宾、马来西亚等国多见，大洋洲及非洲也有分布。

丛植于林缘

装饰花境

翠云草 *Selaginella uncinata*

又名龙须、蓝草、蓝地柏、绿绒草 /
多年生湿生草本植物 / 卷柏科、卷柏属

侧枝着生如鳞片
的小叶片

叶呈蓝绿色

翠云草的茎伏地蔓生，极为细软，分枝较多，在分枝处生有不定根。叶呈蓝绿色，主茎纤细，呈褐黄色，分生的侧枝着生细致如鳞片的小叶片；羽叶细密，并会发出蓝宝石般的光泽；小叶为卵形，孢子叶为卵状三角形。

生长环境： 喜温暖湿润的半阴环境，喜多腐殖质土壤；常生长于海拔40~1000米的山谷林下或溪边阴湿杂草中。

繁殖方式： 多以无性扦插的方式繁殖。截取翠云草长约10厘米的茎枝，平铺于潮湿地中，无须覆土，只喷水即可成活。

养护管理： 春季可对植株进行1次修剪，剪去老枝蔓及过长的枝条。

药用价值： 入药有清热利湿、止血、

止咳等功效，可治慢性黄疸型传染性肝炎、胆囊炎、肠炎、痢疾、肾炎水肿、泌尿系统感染、风湿性关节炎、肺结核咯血等症；外用可治疔肿、烧烫伤、外伤出血、跌打损伤等。

观赏价值： 翠云草姿态秀丽，在南方地区可做地被植物，也可种于水景湿地边，植于湖畔、溪旁、岩石缝隙及瀑布流水旁，增添野趣，提高造景效果。在北方地区可用于盆栽观赏，在种植槽中片植效果更佳，是兰花盆面覆盖的理想材料。

分布区域： 为我国特有植物，分布于浙江、福建、台湾、广东、广西、湖南、贵州、云南、四川等地。

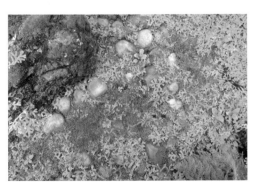

铁线蕨 *Adiantum capillus-veneris*

又名铁丝草、黑脚蕨、铁线草 /
多年生湿生草本 / 凤尾蕨科、铁线蕨属

植株高15~40厘米；根状茎细长横走，生有棕色披针形鳞片。叶远生或近生；叶片为卵状三角形，尖头，基部楔形，中部以下多为二回羽状，中部以上为一回奇数羽状；羽片为3~5对，互生，斜向上，有柄；叶干后薄草质，草绿色或褐绿色，两面均无毛。孢子囊群每羽片3~10枚；囊群盖长形、长肾形成圆肾形，上缘平直，淡黄绿色，老时棕色，膜质，全缘，宿存；孢子周壁有粗颗粒状纹饰。

生长环境： 铁线蕨喜湿润环境，喜散射光，常生长于流动的溪水边或滴水岩壁上。

繁殖方式： 无性繁殖和孢子繁殖均可。无性繁殖时，多采用分株法，于早春将植株分成几丛，每丛需带有根茎和叶片，栽种后于根茎周围覆土，浇水后放在阴凉处养护。孢子繁殖时，将长有孢子的叶片洒于湿土中，不需要覆土，利用水分的蒸发，促使叶片生长即可。

种植要领： 种植前要对基质进行消毒，然后放入浅盆中，浇足水；温度控制在20~25℃，以半阴环境为宜。

养护管理： 铁线蕨的叶片生长快速，

叶片为卵状三角形，二回羽状或一回奇数羽状

茎纤细

在生长季，需疏剪部分老叶片，防止叶片过密使其内部生长的新叶因缺乏光照而枯死，且疏剪也有利于植株萌发新叶。

药用价值： 铁线蕨入药有祛风、活络、解热、止血、生肌的功效；可治风湿瘙痹拘挛、半身不遂、劳伤吐血、跌打、刀伤、臁疮等症。

观赏价值： 铁线蕨的茎叶秀丽多姿，形态优美，株形小巧，适宜小盆栽培和点缀山石盆景。

生态价值： 铁线蕨每小时能吸收大约20微克的甲醛，被认为是有效的生物"净化器"。它还可以抑制电脑显示器和打印机中释放的二甲苯和甲苯，对居住与办公环境有一定改善作用。

分布区域： 我国台湾、浙江、福建、广东、广西等地有分布，非洲、美洲、欧洲、大洋洲及亚洲温暖地区也多见分布。

喜生于潮湿处

盆栽铁线蕨，可置于室内，改善室内环境

铁线蕨造景

在滴水的岩壁上经常能发现它们的身影

喜生于潮湿的墙垣

丛植于置石旁

藓类植物与铁线蕨常常混生

葫芦藓 *Funaria hygrometrica*

又名石松毛 / 多年生湿生藓类植物 /
葫芦藓科，葫芦藓属

植物体丛集或呈大面积散生，呈黄绿色带红色。茎长1~3厘米，单一或自基部分枝。叶在茎先端簇生，干时皱缩，湿时倾立，呈阔卵圆形、卵状披针形或倒卵圆形，先端急尖，叶边全缘，两侧边缘往往内卷；中肋至顶或突出。孢蒴梨形，不对称，多垂倾，有明显的台部；蒴齿两层，外齿片与内层齿条对生，均呈狭长线状披针形。

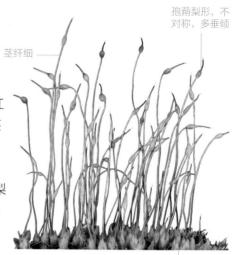

孢蒴梨形，不对称，多垂倾

茎纤细

叶边全缘，两侧边缘往往内卷

生长环境： 喜阴湿的环境，多生于林地、林缘或路边土壁上，在岩面薄土上或洞边、墙边等阴凉湿润的地方也常见。

繁殖方式： 利用孢子体繁殖。在春、夏两季采集葫芦藓孢子体，用镊子或针将葫芦藓孢子体上的孢蒴撕破，将黄色的孢子撒入繁育试管中，滴加2滴清水，用棉团塞好试管口放在室内避光处，每隔2~3天加水几滴，要避免干燥或暴晒。

二十余天后，可见葫芦藓的芽体，芽体逐渐长大，约1个月后，形成植物体。

养护管理： 葫芦藓在闷养过程中要控制好浇水，要避免高温，通常以春、秋和冬季为宜，同时也不适合长时间闷养，否则会造成植物的抗体下降。闷养的时间最好为入冬开始到翌年春天气温回升后。

药用价值： 全草可以入药；性味淡，平；主治痨伤吐血、跌打损伤、湿气脚痛等症。

生态价值： 葫芦藓的叶只有一层细胞，二氧化硫等有毒气体可以从背腹两面侵入细胞，从而威胁它的生存，基于葫芦藓的这个特点，可将其作为监测空气污染程度的指示植物。

分布区域： 全世界广泛分布；我国主要分布于东北、华北、华东、华中及西南等地。

梨形的孢蒴

喜欢阴暗的地方，或稀疏或稠密地长在一起

地钱 *Marchantia polymorpha*

又名地浮萍、一团云、脓痂草、地梭罗 /
多年生湿生藓类植物 / 地钱科、地钱属

地钱叶状体扁平，呈带状，多回二歧分枝，淡绿色或深绿色，宽约1厘米，长可达10厘米，边缘略有不规则的波曲，多交织成片生长。背面有六角形气室，气孔口为烟突式，内着生多数直立的营养丝。叶状体的基本组织厚12～20层细胞；腹面有6列紫色鳞片，鳞片尖部有呈心脏形的附着物；假根密生鳞片基部。雌雄异株，雄托圆盘状，波状浅裂成7～8瓣；雌托扁平，深裂成6～10个指状瓣。

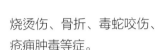

叶状体扁平，呈带状　　　淡绿色或深绿色

生长周期： 春季雨后开始萌发，雨季进入生长旺盛期，生长速度快，秋末后气候干燥，逐渐开始枯萎，进入休眠期。

生长环境： 多生长于散射光下的阴湿环境中，如阴湿的墙角、溪边，也常见于温室的潮湿地面上。

繁殖方式： 有性繁殖和无性繁殖均可。有性繁殖通过受精卵生成孢子体，孢子体成熟后散出，萌发成具6～7个细胞的原丝体，然后发育成1个配子体。无性繁殖是借着生叶状体前端芽孢杯中的多细胞圆盘状芽孢大量繁殖。

养护管理： 应注意控温、控湿。温度需保持在15～20℃，保证土壤湿度，不能见明水，并及时清理变黄的残体。

药用价值： 全草可入药，四季可采。有解毒、祛痰、生肌等功效，外用治疗烧烫伤、骨折、毒蛇咬伤、疮痈肿毒等症。

食用价值： 地钱是一种很好的低脂肪野菜，含有丰富的蛋白质、钙、磷、铁等，可为人体提供多种营养成分，还有补虚益气、滋养肝肾的作用，也能清脂减肥。

分布区域： 我国北部、西部及长江流域等地区常见。

凤尾蕨 *Pteris cretica*

又名井栏草、小叶凤尾草 / 多年生湿生蕨类植物 /
凤尾蕨科，凤尾蕨属

凤尾蕨植株高50~70厘米；根状茎短，直立或斜升，先端生有黑褐色鳞片。叶簇生，二型或近二型；叶柄为禾秆色，有时略带棕色或为栗色，表面平滑；叶片为卵圆形，叶边有小锯齿，叶干后为纸质，绿色或灰绿色。

叶簇生，叶柄为禾秆色

叶片为卵圆形，叶边有小锯齿

生长环境：凤尾蕨喜温暖、湿润、阴暗的环境，忌涝，喜阴，较耐寒，生长适宜温度为10~26℃，喜透水性良好的土壤；常生长于竹林边、河谷、墙壁、井边、石缝和林下阴湿等处。

繁殖方式：孢子繁殖。孢子在高温、高湿的环境下繁殖率较高，播种前先对栽植容器和基质消毒，孢子萌发后，待苗长至3~5片真叶时，便可上盆栽培。

养护管理：喜湿润环境，生长季水分供应要充足，通常2~3天浇水1次；凤尾蕨的生长速度快，要及时去除死叶、黄叶，促进植株间通气顺畅，保持植株整体美观。

药用价值：全株可入药，有调节血压、驱虫、防癌等作用，对头晕失眠、高血压、慢性腰酸背痛、关节炎、慢性肾炎、肺病诸症有较好疗效。

观赏价值：凤尾蕨虽然不开花，但叶形千姿百态、青翠碧绿，可小体量地点缀在假山、石墙或小型水景旁，也可作为盆栽或插花。

分布区域：我国大部分地区可见分布，欧洲、非洲等地亦有分布。

园艺种类：白玉凤尾蕨。匍匐茎较小，株高40~70厘米；羽状复叶丛生，绿色，中间有一条白斑。

银脉凤尾蕨。又叫箭叶凤尾蕨，株高在15~30厘米；羽状复叶，绿色，有银白色的叶脉。

西南凤尾蕨。又叫开三叉凤尾蕨，植株较高；根状茎呈木质化，较粗短；叶片丛生，呈现羽裂状。

斜羽凤尾蕨。株高在50~80厘米，茎部直立；叶柄的基部有着褐色的鳞片，羽状的叶子，有着明显斜展的叶脉。

长叶舒筋草。又叫蜈蚣草，株高30~150厘米，茎较短并且直立；叶片丛生，倒披针状长圆形，为深褐色，叶柄较坚硬；较耐旱，耐碱，耐贫瘠。

凤尾蕨盆栽

与凤尾蕨有些相似，但属于金星蕨科、
卵果蕨属的延羽卵果蕨

西南凤尾蕨植株较高

斜羽凤尾蕨

长叶舒筋草

银脉凤尾蕨

白玉凤尾蕨

桫椤

Alsophila spinulosa

又名台湾桫椤、蛇木 / 多年生湿生蕨类植物 / 桫椤科，桫椤属

茎干高可达6米左右，十分壮观

叶片大，呈长矩圆形

桫椤茎干高可达6米左右，上部有残存的叶柄，向下密被交织的不定根。叶螺旋状排列于茎顶端；茎段端和拳卷叶及叶柄的基部生有密集的鳞片和糠秕状鳞毛，鳞片呈暗棕色，有光泽，狭披针形，先端呈褐棕色刚毛状，两侧有窄而色淡的啮齿状薄边；叶柄为棕色或上面较淡，叶片大，呈长矩圆形，羽状深裂。孢子囊群孢生于侧脉分叉处，囊托突起，囊群盖球形。

生长环境：桫椤为较耐阴的树种，喜温暖潮湿、阳光充足的环境，常生于山地溪傍或疏林中。

繁殖方式：孢子繁殖。先将孢子与叶片分离，再将叶片和孢子装入筛内筛取孢子粒和黑黄色粉末，适宜播种温度为20~25℃；撒播时不要太高、太快，否则会影响孢子粒生长发育。

养护管理：可用甲基托布津和多菌灵，每月对树体和树盘喷施1次，可预防或消除病害。

分布区域：桫椤主要生长在热带和亚热带地区，主要分布于日本、越南、柬埔寨、泰国、缅甸、孟加拉国、不丹、尼泊尔和印度等国。在我国福建、台湾、浙江、广东、海南、香港、广西、贵州、云南、四川、江西等地均有分布。

园艺种类：大叶黑桫椤。植株高2~5米，有主干，直径达20厘米；大型叶，长3米左右。孢子囊群成"V"形排列，无囊群盖。终年常绿，喜生于海拔160~1200米的林下阴湿处。

粗齿桫椤。植株高60~100厘米，主干短或横卧，连同叶柄基部密生暗棕色披针形鳞片。叶簇生，叶柄为暗棕色，叶片为披针形，三回深羽裂；孢子囊群圆形，无囊群盖。粗齿桫椤喜温暖潮湿的气候，喜阳光充足，常生长在山沟的潮湿坡地和溪边；常数株群生，亦有散生在林缘灌丛之中。喜酸性土壤。

叶片有羽状深裂

桫椤盆栽

　　阴生桫椤。阴生桫椤茎干高达5米左右。叶柄褐禾秆色至淡棕色；叶片三回羽状深裂。孢子囊群近主脉孢生，囊群盖鳞片状，成熟时通常被孢子囊群覆盖。喜生长于林下、溪边等阴湿处。

　　小黑桫椤。小黑桫椤植株高2米左右，根状茎短而斜升，密生黑棕色鳞片。叶柄为

黑色，基部生宿存的线形鳞片；叶片三回羽裂；孢子囊群生于小脉中部；囊群盖缺。主要分布于我国台湾、福建、广东、贵州、四川、重庆、云南、浙江、江西等地，日本也有分布。喜生长于山坡林下、溪旁或沟边等处。

种植于溪流河畔

种植于湿地边缘

大叶黑桫椤

阴生桫椤

小黑桫椤

粗齿桫椤

肾蕨 *Nephrolepis cordifolia*

多年生湿生蕨类植物 / 肾蕨科，肾蕨属

叶坚草质或草质

叶片呈线状披针形或狭披针形

肾蕨的根状茎直立，有蓬松的淡棕色长钻形鳞片，匍匐茎向四方横展，棕褐色，不分枝，有纤细的褐棕色须根。叶簇生，暗褐色，略有光泽，叶片线状披针形或狭披针形，一回羽状，羽状多数，互生，常密集而呈覆瓦状排列，披针形；叶缘有疏浅的钝锯齿；叶脉明显；叶坚草质或草质。孢子囊群成1行位于主脉两侧，肾形；囊群盖肾形，褐棕色，边缘色较淡，无毛。

生长周期： 春、秋季温度适宜，为肾蕨的生长旺盛期；夏、冬两季为休眠期。

生长环境： 肾蕨喜温暖潮湿的环境，自然萌发力强，喜半阴，忌强光直射，对土壤要求不高，以疏松、肥沃、透气、富含腐殖质的中性或微酸性沙壤土生长最为良好；不耐寒，较耐旱，耐瘠薄；常地生和附生于溪边林下的石缝中和树干上。

繁殖方式： 有性繁殖和无性繁殖均可。无性繁殖时，于每年春季将根状茎纵切为数份，2~3节为1丛，带上根、叶，分别栽植即可；块茎繁殖时，切取带有一部分匍匐茎的块茎，移栽于疏松透水的土壤中，或直接播种块茎，不久均能长出新植株；匍匐茎繁殖时，可用铁丝将匍匐茎固定在土表，待长出新株后切离母株即可。 有性繁殖时，需人工播种孢子，以疏松、透水性好、清洁的泥炭和砖屑配制成的混合基质作为播种基质。播种时，剪取有成熟孢子的叶片，将孢子集中于白纸上，并用喷粉囊袋将孢子均匀喷布于浅盆中，不必覆土，其间保持盆内湿润，约1个月发芽。

养护管理： 肾蕨较耐阴，只要能受到散射光的照射，避免强光照射就能生长良好；春、秋两季，每天保证4小时的光照，冬、夏季以散射光为宜。

药用价值： 肾蕨可全草入药，全年均可采收，可清热利湿、宁肺止咳、软坚消积，常用于感冒发热、咳嗽、肺结核咯血、痢疾等症。

观赏价值： 在园林中可作阴性地被植物或布置在墙角、假山和水池边。其叶片可做切花、插瓶的陪衬材料。

生态价值： 肾蕨可吸附砷、铅等重金属，被誉为"土壤清洁工"。

分布区域： 原产于热带和亚热带地区，我国华南各地林下有分布。

孢子囊群成一行位于主脉两侧

叶片生长过程

肾蕨密植

巢蕨 *Asplenium nidus*

又名山苏花、王冠蕨 / 多年生湿生蕨类植物 /
铁角蕨科、铁角蕨属

木质叶柄，常为
禾秆色或暗棕色

叶簇生

巢蕨植株高80~100厘米。根状茎直立，粗短，呈木质，深棕色，先端生有密集的深棕色鳞片。叶簇生；叶柄为禾秆色或暗棕色，木质；叶片为阔披针形，先端渐尖，向下逐渐变狭而下延，叶边全缘并有软骨质的狭边，干后略反卷。孢子囊群线形，囊群盖为棕色或灰棕色。

生长环境： 巢蕨喜温暖湿润环境，不耐强光，常附生于雨林或季雨林内树干上或林下岩石上。

繁殖方式： 分株繁殖。植株生长较大时，出现小型的分枝，可在春末夏初新芽生出前把需要分出的植株切离，分别栽植即可。

种植要领： 选择5~40毫米、疏松、排水性与通气性好的泥炭，打碎后加水拌匀，幼苗栽种不宜过深，以平植株基部为宜，多采用容器种植。

养护管理： 避免植株长时间处于高温、高湿、通风不良的环境中，否则叶片易感染炭疽病。

药用价值： 巢蕨可入药，有强壮筋骨、活血祛瘀的作用，可用于跌打损伤、血瘀、头痛、血淋、阳痿、淋病等症。

食用价值： 巢蕨的嫩芽可食用，含有丰富的维生素A、钾、铁、钙、膳食纤维等营养成分。

观赏价值： 巢蕨是大型观叶植物，适宜种植于热带园林树木下或假山、置石及中小型水景旁。

生态价值： 巢蕨的叶片大型，通过光合作用，吸收二氧化碳，放出大量氧气，是有效的"空气清新器"。

分布区域： 在我国台湾、广东、广西、海南、云南等地均有分布；非洲东部、东南亚大部分热带地区常见，日本、韩国、澳大利亚等地亦有分布。

孢子囊群线形

巢蕨盆栽

东方杉 ╳ *Taxodiomeria peizhongii*

又名杂交墨杉 / 半常绿或常绿湿生大乔木 /
柏科，落羽杉属

灰绿色的线形叶

东方杉为半常绿或常绿高大乔木，生长快、适应性广、抗逆性强。树干基部圆整，无板状根；树冠近圆锥形、椭圆球形、梨形和圆柱形等多种类型；成年树仅见雄球花，未见雌球果。

生长周期： 每年1月中旬至3月上旬进入落叶期，4月下旬开始萌芽并进入生长期，特别是11月后，其他杉科树种均已落叶，但东方杉依然郁郁葱葱。

生长环境： 喜温暖湿润的生长环境，耐水湿，耐盐碱，在土壤含盐量0.393%、pH值为8.96及常年涝洼水淹的条件下，都能正常生长。

繁殖方式： 东方杉为远缘杂交的杉科新品种，不结种子，要采用嫩枝扦插繁育技术，繁殖时间6~8月。

种植要领： 种植环境应选择水深1米以内或陆地中，起苗要带土球，保持苗木根系完好；栽植要根据苗木规格挖好种植穴；栽植时要巧施肥，灌透水。

养护管理： 适时进行旁枝、幼枝的修剪，以促进主干及主梢的生长。

观赏价值： 东方杉绿化景观效果好，负离子释放量大，不结种子，无飞絮，无病虫害，根系发达，抗风能力强；树冠优美，初冬仍是绿意盎然；又耐水淹，是两栖生长的优秀树种，也是水际线配置和营造优美的湿地植物景观的优选植物材料。

小枝浅褐色

生态价值： 东方杉根系不怕水淹，材质坚韧，防浪护堤效果好，少有病虫害，是防浪护堤、涵养水源、清洁水质的新树种。

分布区域： 在我国华东、华南、西南和中南等地均可见栽植。

索引（按科属拼音排序）